インプレス R&D [NextPublishing]

New Thinking and New Ways
E-Book / Print Book

驚異!
デジカメだけで
月のクレーターや
木星の大赤斑が
撮れる

ニコン
COOLPIX P1000
天体撮影テクニック

山野 泰照　著

JN215025

はじめに

　COOLPIX P1000は、2018年9月に株式会社ニコン（以下、ニコン）から発売された高倍率ズームのデジタルカメラです。製品の性格としてはCOOLPIX P900の後継機種、違いは望遠側の画角がCOOLPIX P900が2000mm相当なのに対してCOOLPIX P1000は3000mm相当まで伸びただけ、という見方ができないこともないのですが、私のような天体写真大好きの写真ファンから見ると、3000mm相当という超望遠画角の魅力もさることながら、RAW形式の記録が可能になり、4Kの動画が撮影できるようになった、さらにマニュアルフォーカスの操作性が格段に向上したとなると、まるで別のカメラとして登場したかのような印象を持ってしまいます。

　COOLPIX P900が、月や惑星などの天体撮影に超強いというのは今でも変わりがない事実ですし、COOLPIX P1000になってさらに強力になったというのも事実なのですが、パーソナルコンピューター（以下PC）で画像処理ソフトウェア（以下ソフト）を用いて適切な処理をすれば、COOLPIX P1000でははるかに高画質の画像を得ることができるようになったことを見逃す訳には行きません。COOLPIX P900が、記録した画像がそのままですぐに使えるという意味の、いわゆる「撮って出し」のカメラとして一世を風靡し、今でもその価値は下がってはいませんが、COOLPIX P1000はそれに加え、撮影で得られる画像を素材としてPCのソフトを使いこなすスキルがあれば、さらに高画質の画像を得ることができる新たな可能性を示してくれたのです。

　ただし、世の中にあるさまざまなソフトを使い分け、かつスキルが要求される世界というのはなかなか紹介しづらい情報です。

　そこで本書は、COOLPIX P900向けに執筆した『驚異！ デジカメだ

けで月面や土星の輪が撮れる』の内容をCOOLPIX P1000向けにアップデートした上で、COOLPIX P1000ならではの魅力に注目して、ポテンシャルを最大限発揮するための筆者の取り組み事例をできるだけ盛り込みたいと考えています。

　COOLPIX P900やP1000が得意な月や惑星などの明るくて小さい天体は、都会の自宅からでも撮影できます。ふだんの生活の中で天体写真を撮影する楽しみ方を、より多くの方にお伝えできれば幸いです。

2019年6月　山野泰照

表紙および口絵について

　本書の表紙および口絵に掲げている画像は、COOLPIX P1000のポテンシャルを最大限お伝えしたいという背景から、静止画1ショットのJPEG画像だけでなく、RAWで記録していわゆるRAW現像の段階できめ細かく画質を調節したものや、大幅に機能や性能が向上した4K動画で撮影して複数枚のフレーム（静止画）からさまざまな画像処理をして仕上げるなど、撮影者の意図やスキルに依存したものも含まれています。それらは、表現意図やスキルが違えば結果が違ってくるということを意味していますので、COOLPIX P1000の画像や映像を記録する機能や性能は、こういうレベルの使用にも活用できるというご理解を頂ければ幸いです。

【夜明けの月】明け方、薄雲の上に顔を出した月を見つけて慌てて手持ちで撮影した。刻々と明るさが変わる中で、三脚を使わずにすぐに手持ちで撮影できる強力な手振れ補正機能がついているのはありがたい。320mm相当で撮影し、RAWから現像する段階で色や階調を整えた

【月　三日月の頃】高度が高くないため大気の揺らぎの影響を受けやすいが、3000mm相当まで拡大して撮影した。危機の海や南部の大きなクレーターが見え始めているのが良く撮れた。3000mm相当で撮影し、RAWから現像する段階で色や階調を整えた

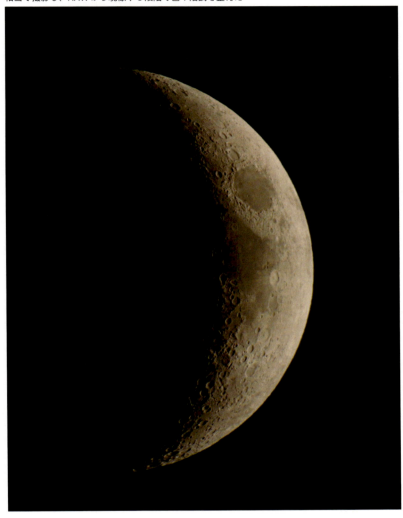

はじめに | 5

【月面 V、X、L】最近、月面にアルファベットの文字が見えると話題になることがあるが、上弦の前に見える V、X、L もしっかり撮影することができる。ベストな時間帯より少々遅れたが、3000mm 相当で撮影した RAW から現像した 60 枚の TIFF ファイルをスタックして高画質化を図った。写真中の矢印は上から V、X、L を指している

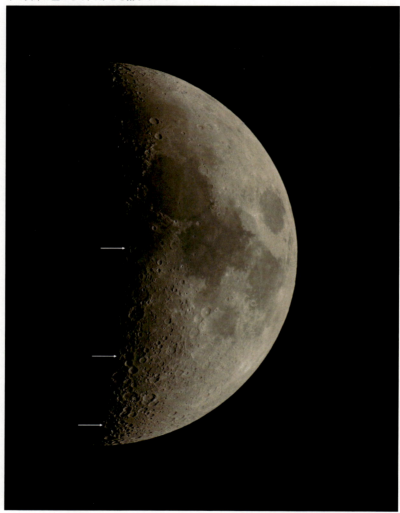

6 | はじめに

【月　上弦の頃】上弦の頃はちょうど日没の頃に南の空にあるのでもっとも撮りやすい月齢だ。しかも明暗境界付近の大きなクレーターの影が長く伸びて立体感のあるため、3000mm相当で狙いたい。3000mm相当で撮影したRAWから現像した90枚のTIFFファイルをスタックして高画質化を図った

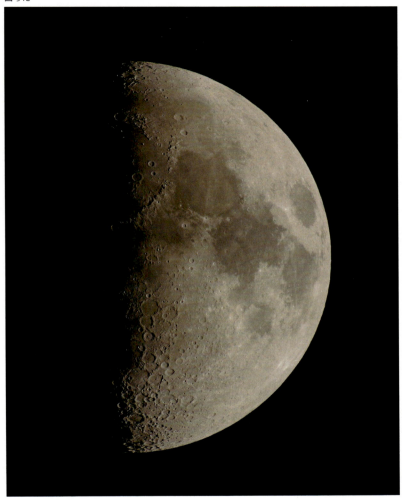

【月 満月の頃】光が正面から当たるためにクレーターの影はほとんど見えない。海と陸のコントラストを調節して見栄えを良くした。2000mm相当で撮影し、RAWから現像する段階で色や階調を整えた

【月　下弦の頃】下弦の頃の月はちょうど日の出の頃に南中するので早起きして撮ることになる。上弦の月と同様、明暗境界付近の大きなクレーターの影が長く伸びて立体感があるため3000mm相当で狙いたい。3000mm相当で撮影し、RAWから現像する段階で色や階調を整えた

はじめに

【月　北部の拡大】月面北部にはアルプス山脈、アペニン山脈など変化に富む地形があるので拡大撮影が楽しい。画像処理で後から拡大しても良いが、撮影時に画像モニターでこの大きさで見える電子ズームを活用したい。12000mm相当撮って出し

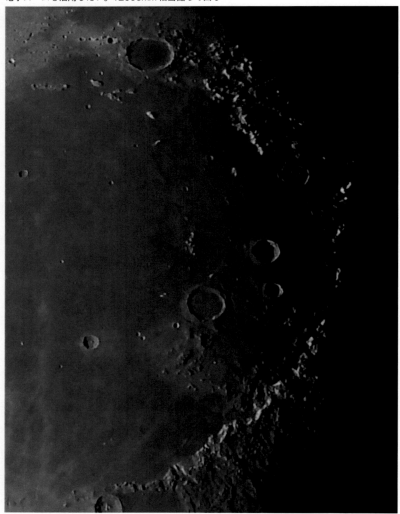

【月　南部の拡大】月面北部にはクラビウスやティコなどの有名なクレーターがたくさんある。ここまで拡大できると、画像モニターで見る月面は望遠鏡を覗いているような感じになる。12000mm相当撮って出し

はじめに | 11

【月　新月間近の地球照】明け方に地平線近くに月が見える月齢でも地球照が見える。すぐ空が明るくなって夜が明けるため、素早くカメラを取り出して撮影できるのは大変便利だ。1200mm相当　撮って出し

【薄明の中の月　新月間近】明け方、空が明るくなってきた中に見える月は印象的だ。刻々と明るさと色が変化するので、まずは RAW で撮影しておいて、RAW 現像の段階で色などを追い込めるのが良い。1300mm 相当で撮影し、RAW から現像する段階で色や階調を整えた

はじめに | 13

【金星】半月状に見える金星を電子ズームを用いて最大倍率で撮影した。金星は内惑星で高度が高くならないため大気の揺らぎの影響が大きく、画像処理は効果的だ。上：撮って出し（12000mm相当）　下：4Kマニュアル動画から画像処理して仕上げたもの（10800mm相当）

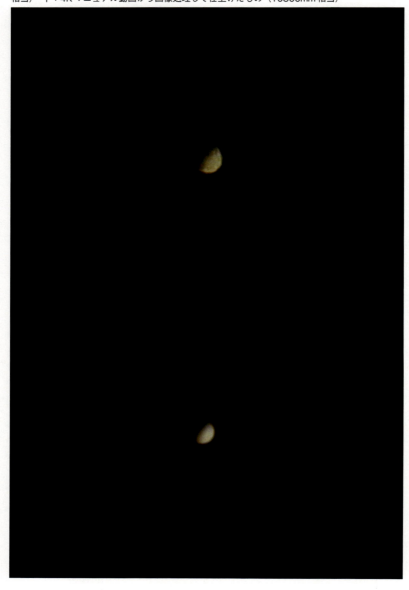

【火星】2018年に大接近した火星を電子ズームを用いて最大倍率で撮影した。火星表面の砂嵐で残念ながら模様は薄いがヘラス盆地が確認でき、天体望遠鏡を使わずにここまで写るというのは想像を超えた世界である。上：撮って出し（12000mm相当）　下：4Kマニュアル動画から画像処理して仕上げたもの（10800mm相当）

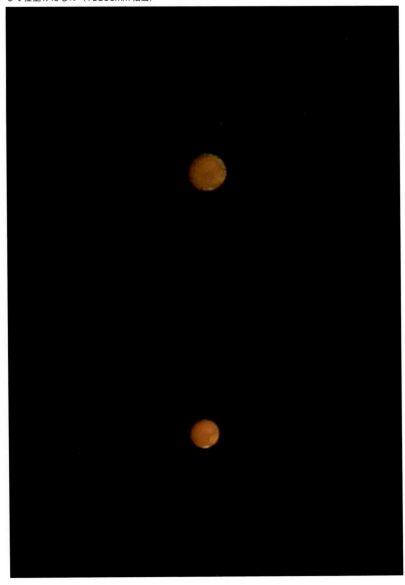

【木星とガリレオ衛星】ガリレオ衛星に露出を合わせるため木星本体は露出オーバーになるがレンズのゴーストが出にくいので安心できる。3000mm相当、8400mm相当で撮って出し

16 | はじめに

【木星】木星の表面には縞模様だけでなく大赤斑と呼ばれる特徴的な模様がある。電子ズームを用いて最大倍率で撮影すると、大赤斑がこちらを向いている時には縞模様と一緒に記録できるのは驚きだ。上：撮って出し（12000mm相当）　下：動画から画像処理して仕上げたもの（10800mm相当）

はじめに | 17

【土星】土星の特徴である輪は、大気の条件さえよければ確実に写すことができる。電子ズームを用いて最大倍率で撮影すると、外側の輪（A環）と内側の輪（B環）の明るさの違いまで確認できそうだ。上：撮って出し（12000mm相当）　下：動画から画像処理して仕上げたもの（10800mm相当）

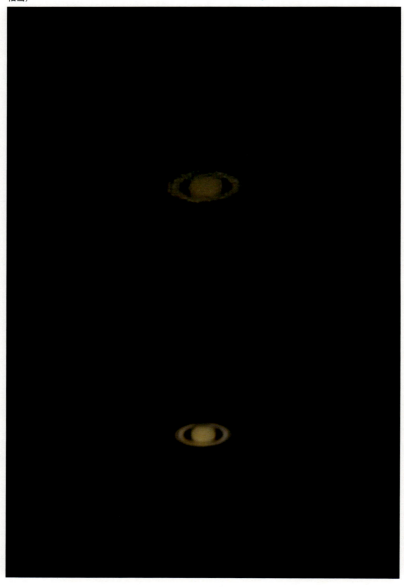

【太陽】フィルターでしっかり減光することが前提になるが、太陽も魅力的な被写体だ。COOLPIX P1000発売後、活動周期の関係から大きな黒点が見られないため、2014年にCOOLPIX P900を用いて撮影したものだが、黒点や粒状斑がここまで写るのは驚きだ。2000mm相当と8000mm相当で撮影したJPEG画像から、コントラストを調節し色をつけた

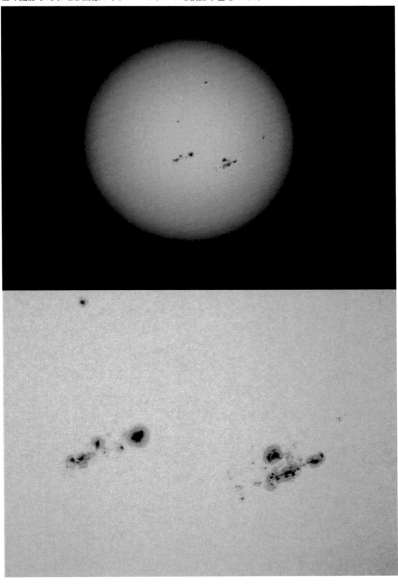

はじめに | 19

目次

はじめに ··· 2

第1章　COOLPIX P1000と天体撮影 ································ 25
- 1-1　広角から超望遠まで、COOLPIX P1000の魅力 ············ 25
- 1-2　被写体としての天体の分類 ································ 26
- 1-3　COOLPIX P1000が撮影に向く天体 ······················· 29
- 1-4　デジタルカメラのセンサーサイズと画角 ···················· 32
- 1-5　焦点距離（35mm判換算）と月の大きさの関係 ············ 35
- 1-6　COOLPIX P1000のシーンモード［月］ ···················· 41
- まとめ ··· 42

第2章　天体撮影の基礎知識 ·· 43
- 2-1　天候と大気の状態 ·· 43
- 2-2　大気の揺らぎが少ない気象条件 ····························· 47
- 2-3　月齢とは ··· 48
- 2-4　月齢別の魅力 ·· 49
- 2-5　撮影したい天体を探すヒント ································ 54
- まとめ ··· 55

第3章　カメラの基本的な使い方 ··································· 56
- 3-1　各部の名称と働き ·· 56
- 3-2　カメラの支持方法 ·· 64
- 3-3　COOLPIX P1000の各種設定 ································ 66
- まとめ ··· 69

第4章　撮影前の準備・設定と撮影の流れ ………………………………… 70
　4-1　メモリーカード（SDカード）………………………………………… 70
　4-2　電池（EN-EL20a）…………………………………………………… 70
　4-3　リモコン／セルフタイマー …………………………………………… 71
　4-4　光学フィルター（太陽の撮影の場合）……………………………… 72
　4-5　三脚 ……………………………………………………………………… 72
　4-6　赤道儀 …………………………………………………………………… 74
　4-7　画像サイズと画質の設定 ……………………………………………… 76
　4-8　ホワイトバランス ……………………………………………………… 76
　4-9　COOLPIXピクチャーコントロール ………………………………… 77
　4-10　ISO感度 ……………………………………………………………… 77
　4-11　露出制御 ……………………………………………………………… 78
　4-12　露出補正 ……………………………………………………………… 78
　4-13　フォーカスモード …………………………………………………… 78
　4-14　AFエリア …………………………………………………………… 79
　4-15　手ブレ補正 …………………………………………………………… 79
　4-16　撮影の流れ …………………………………………………………… 79
　まとめ ………………………………………………………………………… 81

第5章　月の撮影テクニック　………………………………… 82
- 5-1　焦点距離の違いによる月の写真 …………………………… 82
- 5-2　代表的な月の撮影例 ……………………………………… 87
- 5-3　新月に近い細い月を撮影する …………………………… 89
- 5-4　新月に近い月の地球照を撮影する ……………………… 91
- 5-5　半月の頃の月を撮影する ………………………………… 93
- 5-6　満月の頃の月を撮影する ………………………………… 95
- 5-7　月の撮影のバリエーション ……………………………… 97
- 5-8　画づくりを意識して月を撮影する ……………………… 101
- 5-9　シーンモード［月］で撮影する ………………………… 105
- まとめ …………………………………………………………… 106

第6章　金星の撮影テクニック　………………………………… 108
- 6-1　金星の見え方 ……………………………………………… 108
- 6-2　金星の撮影例 ……………………………………………… 109
- まとめ …………………………………………………………… 111

第7章　木星の撮影テクニック　………………………………… 112
- 7-1　木星本体を撮影する ……………………………………… 112
- 7-2　木星とガリレオ衛星を一緒に撮影する ………………… 114
- まとめ …………………………………………………………… 118

第8章　土星の撮影テクニック　………………………………… 119
- 8-1　土星の撮影例 ……………………………………………… 119
- まとめ …………………………………………………………… 121

第9章　太陽の撮影テクニック 122
9-1　太陽の撮影時の注意 122
9-2　太陽の撮影例 122
まとめ 127

第10章　天体の動画撮影テクニック 128
10-1　動画撮影を楽しむ 128
10-2　COOLPIX P1000での動画撮影の基本 129
まとめ 131

第11章　カメラの詳しい使い方 132
11-1　マルチセレクターの使い方 132
11-2　COOLPIX ピクチャーコントロール 133
11-3　電子ズーム 136
11-4　ISO感度設定 140
11-5　露出制御 143
11-6　ホワイトバランス 144
11-7　画像サイズと画質（記録形式の設定） 146
11-8　手ブレ補正（VR） 149
11-9　リモコン／セルフタイマー 150
11-10　画像の再生と確認 153
11-11　ピント合わせ 156
11-12　ノイズ低減フィルター 160
11-13　シーンモード［月］ 161

第12章　さらなる高画質を目指して……………………………………… 164
　12-1　高画質化へのいくつかのアプローチ…………………………… 164
　12-2　RAWから仕上げる　月………………………………………… 169
　12-3　RAWで複数枚撮影し画像処理して仕上げる　月 ……………… 183
　12-4　動画で撮影し画像処理して仕上げる　惑星…………………… 197
　12-5　COOLPIX P1000のポテンシャル……………………………… 204

　おわりに ………………………………………………………………… 207

　◎著者紹介 ……………………………………………………………… 209

第1章　COOLPIX P1000と天体撮影

本書は、ニコンCOOLPIX P1000を用いる天体撮影をテーマに進めます。特に月、金星や木星、土星などの惑星と、太陽の撮影に役立つ情報を中心に記載しています。この章では、まずCOOLPIX P1000とはどのようなデジタルカメラなのか、どのような天体がCOOLPIX P1000での撮影に向いているかを紹介します。また、カメラの画角などについても解説します。

1-1　広角から超望遠まで、COOLPIX P1000の魅力

　COOLPIX P1000は、光学125倍ズーム、望遠側では35mm判換算で3000mm相当の画角が得られ、その時の開放F値がf/8という大口径レンズなどが特徴のデジタルカメラです。デジタル一眼レフカメラやミラーレスカメラとは違いレンズ交換はできませんが、だからこそ専用設計でこれだけの高倍率ズーム、超望遠までのズームが実現したと言えるでしょう。

　撮像センサーは1/2.3型、有効画素数は1605万画素、感度はISO 100〜6400まで設定可能です。このあたりの仕様はコンパクトタイプのデジタルカメラとしては標準的なものですが、実はデジタル一眼レフカメラなどの35mm判フルサイズの撮像センサーなどと比べると格段に小さいのです。撮像センサーが小さいことは、画質などの面で不利になることもあるのですが、特に狭い画角を実現するための望遠レンズの設計においては小型化しやすい大きな特徴があり、COOLPIX P1000はそれを最大限生かしたカメラです。

　35mm判換算の焦点距離で言えば、広角側が24mm相当、望遠側が3000mm相当で、広角側を基点にすると望遠側の3000mm相当は125倍

にあたります。さらに電子ズームの機能によって、光学ズームの望遠側である3000mm相当の4倍までの拡大が可能になっており、35mm判換算の画角で言えば12000mm相当の超望遠の画角が可能ということになります。スポーツイベントのTV放送などで、プロカメラマンが大きな望遠レンズで選手の姿を撮影している様子が映し出されることがありますが、それらのレンズは300〜800mm程度の領域のものがほとんどです。ですから、そういうプロのみなさんにとっても新鮮な画角がこのサイズのカメラで堪能できるのは画期的なことと言えるでしょう。

　さて、ここまでの望遠レンズになると心配されるのが手ブレです。COOLPIX P1000の手ブレ補正機能は、そういう超望遠撮影に耐えられるような高性能なものが搭載されており、補正効果は5.0段分（※）ありますので、5段分の速いシャッタースピードを使用した時と同程度の手ブレ補正効果があります。個人差やシチュエーションによって変化はありますが、1/30秒で撮影しても、1/1000秒で撮影したのと同程度のブレ量に抑制されるということです。これは、日中の超望遠撮影に大きな安心感を与えるだけでなく、月など明るい天体では手持ち撮影をも可能にする性能で、単に大きく撮れるだけでなく、手持ち撮影など撮影スタイルの自由度も提供してくれているということで、大いに注目してよいでしょう。

※ CIPA規格準拠。約350mm（35mm判換算の撮影画角）で測定。

1-2　被写体としての天体の分類

　まず一般的な天体撮影の被写体を、明るさと見かけの大きさから分類した表です。

【被写体と明るさ、大きさの関係】

被写体	明るさ	見かけの面積	使用したいレンズの画角
天の川	地上の風景より暗い	広い	広角
星座など	地上の風景より暗い	普通	標準
星雲、星団など	地上の風景より暗い	狭い	望遠
月、惑星など	地上の風景と同レベルで比較的明るい	狭い	超望遠
太陽	とても明るい	狭い	超望遠

　続いて、太陽系の惑星の、それぞれの被写体としての魅力についてまとめてみました。

【太陽系の惑星】

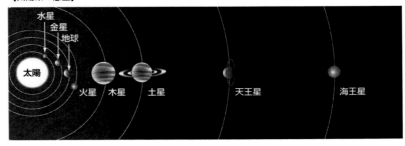

【被写体の魅力】

被写体	おすすめ度	理由	使用したい焦点距離（35mm判換算）
水星	×	見かけの大きさが小さく、太陽に近いため、撮りにくく楽しみにくい	—
金星	○	見かけの大きさや形の変化が大きいため、楽しい	3000mm相当以上
火星	△	大接近時以外は、見かけの大きさが小さく、模様が淡いので、撮りにくく楽しみにくい	9000mm相当以上
木星	○	比較的見かけの大きさが大きく、大赤斑や縞模様もあるので楽しめる	9000mm相当以上
木星とガリレオ衛星	○	木星のまわりを回るガリレオ衛星の位置の変化が楽しめる	3000mm相当以上
土星	○	比較的見かけの大きさが大きく、輪があるので楽しめる	9000mm相当以上
天王星	×	見かけの大きさが小さく、暗いので、撮りにくく楽しみにくい	—
海王星	×	見かけの大きさが小さく、暗いので、撮りにくく楽しみにくい	—

　このように、一般的な天体写真の被写体を概観すると、COOLPIX P1000にとって得意な被写体と苦手な被写体があることに気が付きます。まず月は、夜の空に見ることが多いため、ついつい暗いものと思いがちですが、実は太陽に照らされている天体と言う意味では地球と同じで、太陽から見れば1億5000万kmほどの距離にある地球も、地球から約38万km離れて回っている月もほとんど同じ距離と言えます。また月の表面の反射率は地球の反射率に近いため、月は地球上の日中とほぼ同じ明るさとして露出条件を決めることができ、最も撮影しやすい天体と言えるでしょう。
　惑星も、地球や月と同様、太陽に照らされて見えている天体です。た

だし、太陽からの距離や表面の反射率によって、撮影しやすいものとそうでないものがあります。そういう露出条件や探しやすさの面から言えば、地球の内側を回っている内惑星では金星、地球よりも外側を回っている外惑星の中では比較的太陽に近い火星、木星、土星までがターゲットになるでしょう。

1-3　COOLPIX P1000が撮影に向く天体

　COOLPIX P1000が得意とする被写体や撮影スタイルは、「比較的明るい被写体を大きく撮る」ことです。天体の世界では、月や惑星などです。本書では、撮影の難易度、撮影した結果の楽しさの点から、太陽に近く撮影が難しい水星は優先順位を下げ、金星、木星と土星を中心に話を進めたいと思います。火星は、2018年のような大接近の時には対象になりますが、それ以外の時にはみかけの大きさが小さいだけでなく模様が淡いことから難易度が高いですので、2018年の事例を簡単に紹介しておきたいと思います。

　また、きわめて明るい天体としては太陽がありますが、明るすぎるため減光のためのNDフィルターが必要になります。ただ、適切にフィルターを使えば、太陽表面に黒点があれば面白いほど簡単に写すことができますから、太陽の撮影法についても触れておきたいと思います。

　詳細な説明に入る前に、静止画、動画別にCOOLPIX P1000での撮影に向く天体の楽しみ方をまとめました。

■月の撮影の楽しみ方

【月の撮影の楽しみ方と撮影方法（静止画）】

楽しみ方	月齢ごとにさまざまな表情を楽しめる。 月が細い時は地球照を狙える。
カメラの保持方法の適否（※1）	手持ち：△ 三脚：○ 赤道儀：○
ピント合わせ	ほとんどAFで可
露出	Mモード
電子ズームの使用	目的に応じて活用したい

【月の撮影の楽しみ方と撮影方法（動画）】

楽しみ方	大気の揺らぎがリアル。 日周運動による動きが楽しい。
カメラの保持方法の適否（※1）	手持ち：× 三脚：○ 赤道儀：○
ピント合わせ	ほとんどAFで可
露出	マニュアル動画（※2）
電子ズームの使用	目的に応じて活用したい

■惑星の撮影の楽しみ方

【惑星の撮影の楽しみ方と撮影方法（静止画）】

楽しみ方	金星の形、木星の縞模様、土星の輪を写す。
カメラの保持方法の適否（※1）	手持ち：× 三脚：○ 赤道儀：○
ピント合わせ	基本的にMF（※3）
露出	Mモード
電子ズームの使用	大いに活用したい

【惑星の撮影の楽しみ方と撮影方法（動画）】

楽しみ方	大気の揺らぎがリアル。大気の揺らぎの小さい瞬間に、より細かい構造が見える。
カメラの保持方法の適否（※1）	手持ち：× 三脚：○ 赤道儀：○
ピント合わせ	基本的にMF（※3）
露出	マニュアル動画（※2）
電子ズームの使用	大いに活用したい

■太陽の撮影の楽しみ方

【太陽の撮影の楽しみ方と撮影方法（静止画）】

楽しみ方	黒点や白斑などの構造がわかる。継続して撮影すれば、黒点の成長、消滅や、太陽の自転がわかる。
カメラの保持方法の適否（※1）	手持ち：△ 三脚：○ 赤道儀：○
ピント合わせ	ほとんどAFで可。難しい場合はMF
露出	Mモード
電子ズームの使用	目的に応じて活用したい
その他	光学フィルター(ND)による減光が必須（※4）

【太陽の撮影の楽しみ方と撮影方法（動画）】

楽しみ方	大気の揺らぎがリアル。大気の揺らぎの小さい瞬間に、より細かい構造が見える。
カメラの保持方法の適否（※1）	手持ち：× 三脚：△〜○ 赤道儀：○
ピント合わせ	ほとんどAFで可。難しい場合はMF
露出	マニュアル動画（※2）
電子ズームの使用	目的に応じて活用したい
その他	光学フィルターによる減光が必須（※4）

※1 「第3章 カメラの基本的な使い方」の「3-2 カメラの支持方法」を参照してください。
※2 「第10章 天体の動画撮影テクニック」の「10-2 COOLPIX P1000での動画撮影の基本」を参照してください。
※3 「第11章 カメラの詳しい使い方」の「11-11 ピント合わせ」を参照してください。
※4 「第9章 太陽の撮影テクニック」を参照してください。

1-4 デジタルカメラのセンサーサイズと画角

　デジタルカメラの主要な仕様のひとつに撮像センサーのサイズがあります。デジタル一眼レフカメラやミラーレスカメラなどには、35mm判フルサイズと言われる36mm×24mmなどの大きい撮像センサーのものがありますが、コンパクトカメラの場合は、光学系を含めカメラ全体が小さくできるという理由から比較的小さいものが使われることが多いです。
　COOLPIX P1000は、コンパクトタイプのデジタルカメラでポピュラーな1/2.3型と呼ばれる約6.1mm×4.6mmの撮像センサーを搭載しています。実際に3000mmの焦点距離の光学系を用いた時にどの程度の広さを

撮影できるかを比較すると、撮像センサーの大きさの違いがよく分かります。

35mm判（大きい画像）では半月全体が長辺方向にちょうど収まりますが、1/2.3型（小さい画像）では月の一部分しか入りません。見方を変えれば、同じ焦点距離の場合、撮像センサーが小さい方が狭い領域を撮影することが得意ということになります。COOLPIX P1000は、まさにそういう特徴を最大限に生かした製品ということです。

ちなみに、35mm判撮像センサーの場合、以下の画像を得るために3000mmの光学系を使用していますが、1/2.3型撮像センサーで同じ画角を得るための光学系の焦点距離は539mmです。

したがって、製品のカタログなどに見られる「2000mm相当」という記述は、「35mm判の撮像センサーで2000mmの光学系を用いた時に得られるのに相当する画角」と理解しておくとよいでしょう。COOLPIX P1000のカタログに記載されている「焦点距離4.3 − 539mm（35mm判換算24 − 3000mm相当の撮影画角）」からも、そのように理解されます。

下図は、3000mmの光学系で撮影した月の画像です。35mm判フルサイズ撮像センサーで撮影できる領域と1/2.3型撮像センサーで撮影できる領域を比べてみてください。

【35mm 判フルサイズ撮像センサーと 1/2.3 型撮像センサーの比較】 イメージ図

【センサーの大きさの違い（※）】

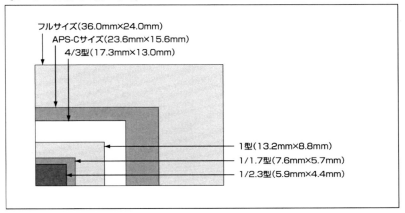

※メーカーによって、大きさにわずかな違いがあります。

1-5　焦点距離（35mm判換算）と月の大きさの関係

　焦点距離別の画像をご覧ください。月を単独で撮影する場合、画面の中で適当な大きさに写すためには35mm判換算で1000〜2000mm位が適当ということがお分かりになると思います。

　COOLPIX P1000の光学ズームの最も望遠側は35mm判の3000mm相当ですから、短辺方向には画面から月があふれる位の大きさになります。さらにそこから電子ズームで4倍拡大することができますから、月面の拡大撮影まで可能で、12000mm相当の画角では月面南部で一番目立っているクレーターのティコがアップで撮影できるほどです。

【24mm相当での撮影】

【200mm相当での撮影】

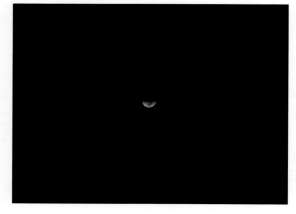

【600mm 相当での撮影】

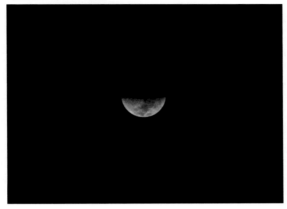

【1200mm 相当での撮影】

【2000mm 相当での撮影】

【3000mm 相当での撮影】

【6000mm 相当での撮影】

【9000mm 相当での撮影】

【12000mm 相当での撮影】

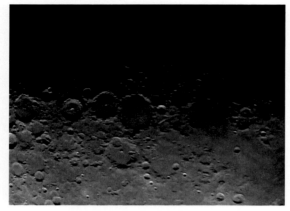

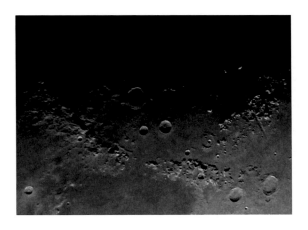

1-6　COOLPIX P1000のシーンモード［月］

　COOLPIX P1000にはシーンモードのひとつに［月］があります。難しい設定をしなくても、簡単に迫力のある月の撮影が可能です。35mm判換算であらかじめ選択しておいた1000mm、2000mm、2400mm、3000mm相当の焦点距離にワンタッチで設定できたり、次の画像のように月の色を簡単に調節できるのが特徴です。

【シーンモード［月］で設定できる5つの色】

　シーンモード［月］の使い方については「第5章 月の撮影テクニック」の「5-10 シーンモード［月］で撮影する」と「第11章 カメラの詳しい使い方」の「11-13 シーンモード［月］」で説明しています。

まとめ

　COOLPIX P1000は、光学125倍ズーム、望遠側では35mm判換算で3000mm相当の画角が得られるデジタルカメラです。電子ズームを使えば、さらに12000mm相当の画角まで得られます。静止画だけでなく動画も撮影できますので、本書を参考に、COOLPIX P1000の特徴をフルに生かした天体撮影にぜひチャレンジしてください。

第2章　天体撮影の基礎知識

この章では天体撮影と大きく関わる気象条件や、本書で多く取り上げている月の撮影に役立つ月齢について説明します。

2-1　天候と大気の状態

　天体撮影において天候や大気の状態は、成否に影響を及ぼす重要な要素です。天体観測や撮影には、一般的に快晴で空の透明度が高い方がよいと思われがちですが、月や撮影の撮影では、大気の揺らぎにも注目しておかなければなりません。

　暗い星空や星雲、星団を撮影したい場合には、快晴で、空の透明度が高い方がよいことは言うまでもありませんが、月や惑星を拡大撮影する場合、超望遠レンズで撮影するということもあり、夏によく見られる陽炎のような大気の揺らぎが大敵です。凍てついた冬の夜には、キラキラと瞬く星がたくさん見えますが、実はこれも大気の揺らぎが原因で見えるものなのです。地上の風景を双眼鏡や望遠鏡で眺めた時に、像がゆらゆらして細かいところが見えないというのと同じことが、天体の場合にも当てはまるということです。木星や土星（輪の直径）の見かけの大きさは、例えて言えば350m先にあるテニスボールほどの大きさですから、撮影には大気の揺らぎの影響があることも想像していただけるのではないでしょうか。

　大気の揺らぎが大きい時には、シャッタースピードが遅いと揺らいだ状態が記録されますからシャープな像は得られませんし、シャッタースピードが速いと像はシャープなものの揺らぎで被写体の形が歪んだ瞬間の画像しか得られません。そういう夜は、何枚も撮影する中で揺らぎが

少ない瞬間に撮影できれば、いくらかよい画像が得られる可能性はありますが、多くの場合はいくら頑張ってもシャープな画像を得ることは難しいでしょう。

　次の画像は、月面を35mm判換算の6000mm相当で動画撮影したものを20フレームほどスクリーンキャプチャーし、一部を拡大したものです。クレーターの形が変化しているだけでなく、海の中にある小さいクレーターなどは消えるほどですから、大気の状態が不安定であることが分かります。シャッタースピードによらず、こういう時は、何枚撮影してもシャープな像が得られないことが多いです。

【大気の状態が不安定な時の月の画像】

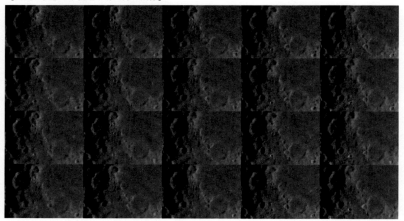

　以下は、35mm判換算2000mm相当で撮影した画像です。画面の一部を拡大してみると、クレーターだけでなく月の縁がギザギザになっていることで、大気が乱れていることがうかがえます。

【大気の状態が不安定な時の月の画像】

【大気の状態が不安定な時の月の画像(一部分を拡大)】

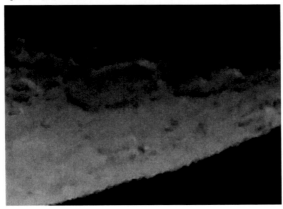

　もう1枚、月の画像を見てみましょう。これも35mm判換算2000mm相当で撮影したものです。画面の一部を拡大してみると、クレーターも月の縁もシャープなのがわかります。大気の条件がよいとこのような画像が得られますから、大気の状態の良し悪しは、しっかり拡大して大気の条件がよいかどうかを判断するとよいでしょう。また、月や惑星などの

第2章　天体撮影の基礎知識 | 45

天体写真は、このようなチャンスを生かしてしっかり撮りたいものです。

【大気の状態が良好な時の月の画像】

【大気の状態が良好な時の月の画像（一部分を拡大）】

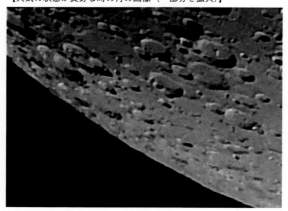

　これまで述べてきたように、天体の撮影には天候や大気の状態が大きく影響しますが、撮影にあたってまず重要なのは、晴れて、撮影に邪魔な雲がないことです。そのような情報は、以下のサイトで天気予報や雲

の移動状況を確認するとよいでしょう。

- 一般財団法人日本気象協会日本気象協会「天気予報」
  http://www.tenki.jp/
- 一般財団法人気象業務支援センター「GPV気象予報」
  http://weather-gpv.info/

2-2　大気の揺らぎが少ない気象条件

　天体写真ファンの間で言われているのは、日本では梅雨明け後、太平洋高気圧が張り出してきた時に大気の状態が安定しているということです。また、季節によらず、大きな移動性高気圧が西から移動してきて観測地の上を通過した後、天候が崩れるまでが大気の状態が安定しているというのも知られている話です。

　さらに一晩の間では、夕方、深夜、明け方でも状態が変わります。それには、実は地形が関係しています。海風、山風という言葉を聞いたことがあるかもしれませんが、地表面の温度が高いところでは上昇気流が発生し、そこに周囲から空気が入り込んでくることによって風が生じます。海や山に近い地域ではそういう海風や山風が昼と夜で向きを変えて発生し、それらが大気の揺らぎにも関係しているのです。

　撮影する場所で大気の状態のよいチャンスをモノにするには、別の地域に住む他人の経験はあまり参考になりません。ですから、その場所で大気の状態がよいチャンスをつかむのは、日頃の観察しかないとも言えます。できるだけ多くのチャンスに撮影してみて、大気の状態の傾向を掴めるまでになりたいものです。

2-3　月齢とは

　月は、約29.5日で新月から満月になりまた新月に戻る満ち欠けを繰り返しています。その月の満ち欠けは月齢で示し、太陽と月の位相角が0°の新月を月齢0と呼びます。1日経過するごとに月齢は1増え、月齢13.8から15.8の間に満月になります。満月になる月齢が一定ではないのは、月の軌道が楕円であるためです。満月以降、月は次第に細くなり、月齢29.5の頃に再び新月になります。

　月齢0の新月は朔と呼び、また月齢14.8頃の満月を望と呼びます。また、月齢7.5の頃の半月を上弦の月、月齢22.5の頃の半月を下弦の月と呼びます。

　よくある質問に「新月には毎回日食になり、満月には毎回月食が起こるような気がしますが、なぜそうはならないのですか」というものがあります。たしかに、もしも太陽の周りを回る地球の公転軌道と、地球の周りを回る月の公転軌道が同じ平面であれば、新月の時には必ず日食が起こり、満月の時には必ず月食が起こることになります。しかし、現実にはそれぞれの公転軌道は同一平面ではありません。したがって、日食や月食はめったに起こらないのです。

【月の満ち欠け】

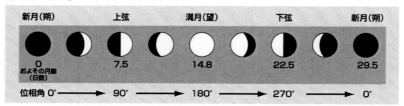

2-4　月齢別の魅力

　月は、月齢によってさまざまな表情をわたしたちに見せてくれます。その魅力を紹介しましょう。なお、それぞれの撮影方法については、「第5章 月の撮影テクニック」で解説しています。

■**新月に近い月（月齢5以下、24以上）**
　月齢5以下の月は夕方西の空に、月齢24以上の月は夜明け前に東の空に見ることができ、大変印象的です。月の明るい部分に露出を合わせれば細い月を、露出をたっぷり与えれば地球照（ちきゅうしょう）を写すことができます。

【新月に近い月齢の細い月（2400mm相当）】

【新月に近い月齢の地球照（1000mm相当）】

■半月の頃の月（月齢5〜10、19〜24）

　半月の頃は、欠け際のクレーターが最も綺麗に見えます。上弦の月は、日没の頃に南中し（日周運動で子午線を通過し）、高度が高く、拡大撮影も楽しいです。

【半月の頃の月（3000mm相当）】

【半月の頃の月（9600mm相当）】

■満月の頃の月（月齢11～18）
　月に対して太陽の光が正面から降り注ぐためクレーターの影が短く、海と呼ばれる大きな模様がよく見えます。

2-5　撮影したい天体を探すヒント

　いざ天体を撮影しようと思った時、月は月齢さえ分かれば、いつ頃、どの方向に見えるか想像がつきますから大丈夫でしょうが、惑星は目で見ても恒星と見分けがつかないため、もともと天文に興味を持っていなかった方にとっては探すのが大変と思います。
　そういう時に役に立つのが、国立天文台や関係する企業から発信されている情報です。「星空案内」とか「星空ガイド」などの検索ワードで検索すると、いろいろ出てきますから、そういう情報をヒントに探すとよいでしょう。撮影したい被写体が、いつ、どの方角に見えるのかを調べておいて、その方角の明るい天体に向けて画像を拡大してみると面積のある天体として見えてくるのが惑星ですので、探すのは難しくありません。

・大学共同利用機関法人自然科学研究機構 国立天文台「ほしぞら情報」
　http://www.nao.ac.jp/astro/sky/
・株式会社アストロアーツ「星空ガイド」
　http://www.astroarts.co.jp/alacarte/index-j.shtml
・株式会社ニコン「星空案内」
　http://www.nikon.co.jp/channel/stars/

まとめ

　天体撮影において、大気の状態は画像に大きく影響を及ぼします。月や惑星などのシャープな画像を得るには、大気の状態がよいチャンスを逃さないようにしましょう。

　また、月の撮影で気にしておきたいのが月齢です。月の見え方は月齢によってさまざまです。だから月齢によって変化する魅力的な月の表情をフレームに収めましょう。

第3章　カメラの基本的な使い方

この章では、COOLPIX P1000 の各部の名称と働き、および基本的な設定項目と使い方を説明します。

3-1　各部の名称と働き

　COOLPIX P1000の各部の名称と機能です。ここで記載している項目は、主に本書で紹介している設定や操作に関係があるものです。その他のすべての名称と機能に関しては、付属の使用説明書や株式会社ニコンイメージングジャパンのウェブサイトからダウンロードできる活用ガイド（PDF形式）を参照してください。

【各部の名称と機能①】

１．シャッターボタン

　半押しするとピントと露出が合い（※）、全押しするとシャッターが切れます。

※ AFモードがMFの時のピント合わせ、および撮影モードがMモードの時の露出合わせは手動です。

2．ズームレバー

　左右に動かしてズーム位置を変えます。また、再生画像の拡大、縮小にも使用します。

3．セルフタイマーランプ／赤目軽減ランプ／AF補助光

　セルフタイマーでシャッターを切る時に点滅します。

　フラッシュモードが赤目軽減自動発光／赤目軽減発光に設定されている時に発光します。

　AF補助光が点灯するように設定されている時、暗い場所などでピントが合いやすくするために点灯します。

4．マイク

　動画撮影時に音声をステレオ録音するためのマイクです。ズームマイク機能をONにすることができます。

5．レンズ

　35mm判換算で24 − 3000mm相当の焦点距離をカバーする、光学125倍ズームのNIKKORレンズです。

【レンズが24mm相当の状態】

【レンズが3000mm相当の状態】

【各部の名称と機能②】

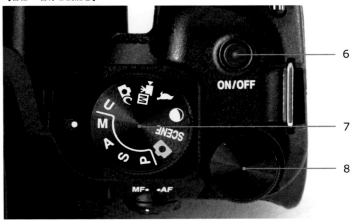

6．電源スイッチ／電源ランプ／充電ランプ

押すと電源をONまたはOFFにします。

電源がONの状態で液晶モニターに何も映っていない時は点灯します。

電源がONの時、休止状態になると点滅します。

充電中はゆっくりと点滅します。充電が完了すると消灯します。

7．撮影モードダイヤル

ダイヤルを回して撮影モードを切り替えます。

8．コマンドダイヤル

撮影モードがPモードの時にダイヤルを回すことで、シャッタースピードと絞り値の組み合わせを変更します。撮影モードがSモードもしくはMモードの時に回すことで、シャッタースピードを調節します。

フォーカスモードがMFの時にダイヤルを回すことで、ピント合わせを調整します。

【各部の名称と機能③】

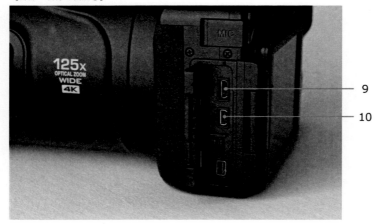

９．Micro USB端子

　本体充電ACアダプター、PC、プリンタなどと接続するUSBケーブル用の端子です。

１０．HDMIマイクロ端子（TYPE D）

　HDMI端子のあるテレビやモニターなどと接続するHDMIマイクロ端子ケーブル用の端子です。

【各部の名称と機能④】

11．クイックバックズームボタン

　望遠側のズーム位置で被写体を見失った時にボタンを押すと、一時的に画角（見える範囲）が広がり、被写体を捉えやすくなります。動画撮影中はこのボタンは使えません。

12．サイドズームレバー

　シャッターボタンの外側のズームレバー同様、上下に動かしてズーム位置を変えます。

　セットアップメニューのサイドズームレバー設定で、サイドズームレバーの働きをズームレバーからMFレバーに変更すると、マニュアルフォーカス時のピント合わせを調整するレバーに切り換わります。

【各部の名称と機能⑤】

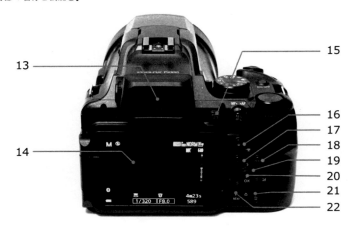

13．電子ビューファインダー

　視野率は撮影時約99％、再生時約100％、約236万ドットの高精細0.39型有機ELモニターを搭載したファインダーです。アイセンサーによって、目を近づけるだけですぐに表示が点灯し、ファインダー撮影が行えます。外光の影響で液晶モニターが見えにくい場合や超望遠時に手持ち撮影で撮影姿勢を安定させたい時に有効です。

14．画像モニター

　広視野角3.2型、約92万ドットのTFT液晶モニターです。5段階の輝度調節機能が搭載され、バリアングル方式なので、モニターの向きや角度を調節できます。

15．モニターボタン

　ボタンを押すと、画像モニターと電子ビューファインダーを切り換えます。

１６．動画撮影ボタン

　撮影画面を表示している（被写体をモニターしている）状態でボタンを押すと撮影を開始します。もう一度押すと、動画撮影を終了します。

１７．DISP（表示切り換え）ボタン

　ボタンを押すたびに、撮影時や再生時にモニター画面に表示する情報の切り換えができます。

１８．再生ボタン

　電源がONの状態でボタンを押すと撮影画像を再生します。電源がOFFの状態で長押しすると、再生モードで電源がONになります。

１９．ロータリーマルチセレクター（マルチセレクター）

　上側（フラッシュ）を押して、発光モード（フラッシュモード）を設定します。下側（花）を押して、フォーカスモードを設定します。左側（タイマー）を押して、セルフタイマー、リモコン、笑顔自動シャッターを設定します。右側（＋／−）を押して、露出補正を行います。

　メニュー項目の設定時に上下左右に押したりダイヤルを回すことで、設定項目や細かい設定値を選択します。

　フォーカスモードがMFの時、ダイヤルを回転することでピント合わせを調節できます。

　撮影画像の再生時に、再生画像を選択するのに使用します。なお、本書ではマルチセレクターと表記しています。

２０．OK（決定）ボタン

　メニュー項目の設定値を決定する時に押します。また、AFエリアを決定したり再度調節する時、フォーカスモードがMFモードの場合にピント合わせを決定したり再度調節する時に使用します。

２１．削除ボタン

撮影画像を削除する時に使用します。表示している画像、選択した画像、全画像の削除が行えます。

２２．MENU（メニュー）ボタン

ボタンを押して、各種メニュー項目の設定を行います。撮影メニューで設定できる項目はモードダイヤルで選択している撮影モードによって異なります。また、関連する項目同士の設定により、設定値を変更できない場合（項目名がグレー表示）があります。

3-2　カメラの支持方法

カメラの支持方法は、大別すると「手持ち撮影」、「三脚に取り付けて撮影」、「赤道儀に搭載して撮影」の3通りがあります。

■手持ち撮影

月などの大きくて明るい被写体の撮影は手持ちでも撮影が可能です。望遠領域での撮影になりますから、手ブレを防止するために手ブレ補正はONにしておきます。

画面の中心に月を入れるなど構図を整える際には、壁や手すりに寄りかかるなどすればよいでしょう。

■三脚に取り付けて撮影

カメラを三脚に取り付ければ、撮影時に手ブレを防ぐことができるだけでなく、被写体を画面の中に入れる時にも安定して導入することができるので便利です。三脚は重量があり安定感のあるもの、雲台はパンレバーの着いた3ウェイのスチル用雲台だけでなく、動きがなめらかなビデオ雲台、天体望遠鏡用などの微動雲台などが良いでしょう。

カメラを三脚に取り付けて撮影する場合は、手ブレ補正は必要ありませんのでOFFにしておきます。

【三脚に取り付けて撮影】

■赤道儀に搭載して撮影

　三脚よりも便利なのが赤道儀です。赤道儀は、望遠鏡などを用いて観測や撮影をする時に天体を自動追尾するための装置です。今回の撮影では、天体望遠鏡は必要ありませんから、赤道儀だけあればよいということになります。

　赤道儀の価値は、微動装置が付いていると画面の中心に被写体を導くのが楽というだけでなく、一度被写体を画面の中に捕らえたら、自動で追尾をしてくれるところです。気流のよい時を狙って何枚も撮影する時には大変便利です。

【赤道儀に搭載して撮影】

3-3　COOLPIX P1000の各種設定

主な設定項目を説明します。

■焦点距離（35mm判換算）
　ズーム機能を利用し、画面の中での被写体の大きさを決めます。数字が大きいと望遠になり、画面の中で被写体が大きくなります。

■露出モード
　露出制御（シャッタースピードと絞り値）を自分で決めるか、カメラに任せるかを選択します。
　シャッタースピードと絞り値を自分で決める場合はMモードを、カメラに任せる場合は、Pモード（シャッタースピード、絞り値ともカメラ任せ）、Sモード（シャッタースピードを自分で決めて、絞り値はカメラ任せ）、Aモード（絞り値を自分で決めて、シャッタースピードはカメラ任せ）のいずれかから選択します。

月、惑星の場合はMモードがよいでしょう。

■絞り値

　レンズをどれだけの口径で利用するかを決めることができます。

　数値が小さい方が大きな口径で利用するため光を集める能力が高く、月や惑星のような被写体では速いシャッタースピードで撮影できるなど有利になるため、基本的には開放絞り（最も小さい数字）にするとよいでしょう。

　物理的に、レンズの性質として、絞り過ぎると画質を劣化させる現象（回折）がありますから、その影響をできるだけ少なくするためにも開放絞りがおすすめです。

■シャッタースピード

　天体撮影の場合は基本がMモードですので、適正露出を得るために調節します。

■ISO感度

　感度を上げればシャッタースピードを速くすることができますが、画面にノイズが増える傾向があるため、基本的には最低感度（ISO100）を選択することとし、どうしてもシャッタースピードを速くしなければならない時にISO感度を上げるとよいでしょう。

■フォーカスモード

　ピント合わせを自分で行うか、カメラに任せるかを選択します。

　AFかMFのどちらを選択するかは、AFでピント合わせができる場合はAFにし、惑星のように被写体が小さくてAFではピント合わせが難しい場合はMFを選択します。

■ホワイトバランス

　ホワイトバランスは、さまざまな光源のもとでも被写体の色を正しく記録、表現するための機能です。それを上手に使えば、被写体の色を調節することができます。

　オート（AUTO1：標準）にすると、月が赤く見える時でもほぼ無彩色にする方向に色調を調節しますが、見た目の色味を残したい時には晴天を選択するとよいでしょう。

　月や惑星の場合、高度が低いと大気の影響で赤みを帯びて見えますが、その色味をそのまま表現したければ晴天を、赤みを取り除きたい場合にはオート（AUTO1：標準）を選択するのが基本ということです。

　個性的な表現として、積極的に電灯光などを選択し、被写体の色を青く演出するのも楽しいでしょう。

　原理を理解するのは少々難しいですが、色温度設定を用いて、さらに細かく調節することもできます。

　なおホワイトバランスは、画質の設定でFINEやNORMALを選択している時にはそのまま反映されたものが記録されますが、RAWを選択している場合にはサムネイル画像に設定したホワイトバランスが反映されるものの、RAW現像時にあらためて設定、調節することができます。

■COOLPIX ピクチャーコントロール

　撮影前に選択しておくことによって、撮影される画像のコントラストや色の鮮やかさ（彩度）などを調節することができます。

　ほとんどの場合はスタンダードでよいですが、コントラストを高くしたい場合や色の鮮やかさを強調したい場合はビビッド、コントラストを低くしたい場合やおとなしい色にしたい場合はニュートラルを選択するとよいでしょう。

　また、さらに細かい設定ができます。COOLPIX ピクチャーコントロールについては、「第5章 月の撮影テクニック」～「第9章 の撮影テクニッ

ク」の撮影例でそれぞれの設定を、また「第11章 カメラの詳しい使い方」の「11-2 COOLPIX ピクチャーコントロール」で細かい設定方法を説明しています。

なおCOOLPIX ピクチャーコントロールは、画質の設定でFINEやNORMALを選択している時にはそのまま反映されたものが記録されますが、RAWを選択している場合にはサムネイル画像に設定したCOOLPIXピクチャーコントロールが反映されるものの、RAW現像時にあらためて設定、調節することができます。

■手ブレ補正（VR）

カメラの支持方法によって使い分けます。

手持ちの場合は、手ブレの心配があるためONにします。

カメラを三脚や赤道儀に取り付ける場合には、手ブレ補正の必要がありませんからOFFにします。

まとめ

COOLPIX P1000の各ボタン、ダイヤル、レバーがどのような働きをするのか、どのような設定に使用するのかを覚えておくと撮影時に役立つでしょう。

本書で紹介しているカメラの支持方法は3つありますが、天体の撮影で多いのは三脚あるいは赤道儀に取り付けての撮影です。

この章で説明している設定項目は、天体撮影においてだけでなく基本的なものです。それぞれの項目が実際の撮影とどのような関わりがあるのかを理解しておくと、さまざまな撮影に応用できます。

第4章　撮影前の準備・設定と撮影の流れ

この章では、COOLPIX P1000での天体撮影に際して必要なもの、用意しておくと役立つものを紹介します。また、撮影に際してのCOOLPIX P1000の設定や撮影の流れについても説明します。

4-1　メモリーカード（SDカード）

　撮影を開始する前に、メモリーカード（SDカード）の残り容量を確認します。もし記録された画像でメモリーカードの容量がいっぱいになっている場合には、画像データをバックアップしたのちに、初期化をしておくとよいでしょう。新しいメモリーカードを使用する場合も同様です。

　天体の撮影では、一度にたくさん撮影したい場合や動画を撮影したい場合が多くありますので、容量の面で余裕のあるメモリーカード（SDカード）を用意しておくと安心です。4K UHDで動画を撮影することも踏まえて、SDスピードクラスがClass 6以上（読み出し／書き込み時の転送速度が6MB/秒以上）、UHSスピードクラス3以上のSDカードを推奨します。

4-2　電池（EN-EL20a）

　電池は、撮影に入る前に電池残量を確認しておきましょう。もし電池残量を確認して、残量が少なくなっている場合には、あらかじめ充電をしておきます。

　カメラに付属のもの以外に、予備の電池（EN-EL20a）を用意しておくと安心でしょう。バッテリーチャージャー（MH-29）も用意しておくと、

電池をカメラから外した状態で電池を充電できるので便利です。

　電池をフル充電してからの撮影可能枚数は、CIPA規格の測定法では、約250枚です。電池寿命は、環境温度や撮影手順、電池の状態によって変わってきますが、ひとつの目安として参考になります。

4-3　リモコン／セルフタイマー

　カメラを三脚に取り付けたり赤道儀に搭載して超望遠レンズを用いて撮影する場合、シャッターを切る時にカメラを揺らさないため、極力手では触れたくありません。カメラに触れることによるショックや振動を回避するのに有効なのが、リモコン（ML-L7）です。

【COOLPIX P1000とリモコン（ML-L7）】

　リモコンがない場合でも、セルフタイマーの機能を利用すれば、シャッターを切るときにカメラに触れることで生じるブレを回避することができますが、ズームやマニュアルフォーカス時もカメラに触れることなく操作できるなど快適に撮影するためにリモコン（ML-L7）は用意しておきたいところです。

　リモコンとセルフタイマーの使い方は、「第11章 カメラの詳しい使い

方」の「11-9 リモコン／セルフタイマー」を参照してください。

4-4　光学フィルター（太陽の撮影の場合）

　月や惑星の撮影では光学フィルターは必要ありませんが、太陽の撮影では明るすぎる太陽の光量を減らすためのNDフィルターが必要です。光量を10万分の1以下にするために、ND100000というフィルターを1枚、あるいはND400を2枚用意するなどしましょう。

4-5　三脚

　明るい月は手持ちでも撮影できないことはありませんが、しっかり構図を決めて、撮影時のブレを防ぐためには三脚があると安心です。三脚は、重くてしっかりしたものがよいです。また雲台は、カメラが風であおられてもブレないだけでなく、微小な角度の調節ができ、角度を固定しようと思った時に構図がずれないことなどをチェックしながら選択するとよいでしょう。

　筆者は、一般的な3ウェイのパンレバー付きの雲台も使いますが、月の撮影ではビデオ雲台や天体望遠鏡用の微動付き経緯台を雲台代わりに使うことが多いです。

　さらに別のアイデアとして、雲台を三脚ではなくしっかりしたクランプを用いて、ベランダの手すりなどに取り付けることも可能です。三脚を使わずにカメラを手すりに取り付ければ、撮影できる角度が天頂付近まで広がるというメリットもありますから、興味のある方はプロショップなどで探してみるのも楽しいでしょう。

【本書の撮影で使用した三脚と雲台】

【クランプを利用してベランダの手すりに雲台を固定した例】

■三脚を用いた追尾のテクニック

　カメラを自動追尾装置がついている赤道儀に搭載すれば、日周運動で月や惑星などの被写体が画面の中から逃げていくのを追尾してくれますが、カメラを三脚に取り付けている場合は、うまく画面の中に入れなが

第4章　撮影前の準備・設定と撮影の流れ | 73

ら撮影しなければなりません。

　カメラの三脚の場合は、パンレバーで追尾あるいは待ち伏せのための構図決めを行うのがふつうですが、特に超望遠の撮影ではパンレバーを締め付けると構図が変わったり、思い通りにいかないことも意外と多いものです。三脚の雲台の性質に依存していますので、思い通りに構図決めができる雲台であれば、ふつうにパンレバーで調整します。思い通りにならない時には、以下の方法を参考にしてください。

　まず、追尾の基本をお話しましょう。カメラの三脚で天体を追尾する場合、天体が南中する頃の追尾が楽です。理由は簡単、天体の動きがほとんど水平方向なので、雲台で追尾する際にも水平方向の動きだけで追尾できるからです。そういう時は、水平方向のクランプを緩めておいて、静かに水平に雲台を回転させれば追尾はそれほど難しくはありません。どうしても高度が低い時に撮影しなければならないような場合はしかたありませんが、南中の頃に撮影できるようであれば、追尾しやすいという面だけでなく、大気の影響を最小限にできるという面からもそういう時間帯に撮影するとよいでしょう。

　しかし、一般的にはそういうタイミングではなかなか撮影できないものです。特に追尾が難しいのは上下方向です。そのような時に威力を発揮するのがビデオ雲台や天体望遠鏡用の微動付き経緯台です。もともと微小な角度を静かに動かすことを目的に作られているのがビデオ雲台や天体望遠鏡用の微動付き経緯台ですから、すでにお持ちの雲台で難しいと感じたら、ビデオ雲台や天体望遠鏡用の微動付き経緯台を検討してみると良いでしょう。

4-6　赤道儀

　天体は、地球の自転によって見かけ上、天の北極と南極を中心に日周運動をしています。1日に360度、1時間に15度回転しています。動く速

度（単位時間のみかけの移動量）は、天の北極に近い北極星などは遅く、天の赤道に近いところにある天体は早くなります。また天体が移動する方向は、上下方向と水平方向で説明しようとすると、天体が天空上のどこにあるかによって違ってきます。このことは、三脚にカメラを搭載しても、上下方向、水平方向に常に適切な量を動かし続けなければならないことを意味しています。そういう追尾の煩わしさを解消する装置が赤道儀です。

　赤道儀は、天体望遠鏡を用いて観測や写真撮影をする時に、目的の天体を画面や視野の中に入れて追尾することができる装置です。月や明るい惑星では、比較的速いシャッターが切れるため三脚だけでも撮影できるのですが、画面の中央に正確に被写体を置きたいとか、何枚も続けて撮影したいとなると、自動追尾装置付きの赤道儀があれば撮影効率は格段に上がります。

　今回撮影に用いた赤道儀に搭載している様子は、「3-2 カメラの支持方法」の写真をご覧ください。

■赤道儀の使い方

　赤道儀は、最初に極軸調整（北半球では天の北極、南半球では天の南極に向けて合わせます）が必要ですが、その後は一軸だけ、しかも地球の自転を相殺する15度／時間でキャンセルする方向に回せば天体を追尾できる便利な装置です。最近はほとんど電動の追尾装置がついていますから、一度天体の方を向けると、あとは自動で追尾してくれる状態になります。

　もともと赤道儀は天体望遠鏡で対象を快適に観察したり、写真撮影において長時間露出を可能にするための装置として発展してきましたので、COOLPIX P1000で、①構図を決めて、②撮影を繰り返す場合には大変便利になります。さらに、天体望遠鏡を搭載する大きめの赤道儀になると電動の微動装置が付属していることが多く、そういう場合は天体の導

入や微妙な位置の調整が楽になります。

　最初から用意する必要はないかもしれませんが、本書でご紹介しているCOOLPIX P1000による月や惑星の撮影にある程度慣れてきて、より高精度、より高画質を狙いたくなったり、撮影効率を高めたくなったら、自分のスタイルに合った赤道儀を購入するとよいでしょう。

4-7　画像サイズと画質の設定

　画像サイズと画質は、できるだけ高画質を得たいという理由から、撮影後すぐに画像を使いたい撮って出しの場合、画像サイズはL、画質はFINEにしておくとよいでしょう。あとからじっくり画質を調節して画質を作り込みたい場合は、画質はRAWあるいはRAW+Fを選択します。

4-8　ホワイトバランス

　ホワイトバランスは基本的にはさまざまな光源のもとで、白などの無彩色の被写体が、きちんと無彩色で記録されるように色を調節するカメラの機能ですが、ここでは積極的に色をコントロールするという視点からどういう色再現にするかを決めるために重要なものと理解しておきましょう。

　月や惑星は、カラフルという訳ではありませんが、特に月については、月の出や月の入りの頃、地平線の近くで赤く見えるのをそのまま赤く写すか、赤みを減らして白っぽくするかというのが色再現のポイントになります。赤く見える月の赤みをそのまま残す場合は、晴天にすればよいですし、カメラ任せで補正させたい場合はAUTO1にします。AUTO1にしても、カメラが判断して赤みを残してくれる場合もありますから、積極的に白っぽく、あるいは青っぽくしたい場合は電灯光を選択するとよいでしょう。

いずれにしても、被写体の色は天候や大気の状態で違ってきますし、それをどのように写したいかも、画面を見ながら決めたくなりますから、ホワイトバランスの設定をいろいろ変えてみながら、最も好ましい色になるような設定を選択します。

4-9　COOLPIXピクチャーコントロール

　COOLPIXピクチャーコントロールは、画づくりといわれる、コントラスト、色の濃さ（彩度）、輪郭強調などを設定する機能です。基本的には初期設定のスタンダードでよいですが、惑星の淡い模様のコントラストを強めたい場合などはCOOLPIXピクチャーコントロールをビビッドなどに設定してみるとよいでしょう。さらに、スタンダード、ビビッドなどのいずれを選択していても、それをベースにさらにコントラストや色の濃さ（彩度など）を調節することができますので、目的のイメージの画像を得るために最適な条件を見つけ出します。

4-10　ISO感度

　ISO感度は、カメラの感度を設定するものです。感度を上げれば（数字を大きくすれば）早いシャッタースピードで撮影できるなどのメリットがありますが、ノイズが増加したりダイナミックレンジが低下するなどの画質が低下する傾向があります。本書では、月や惑星などをできるだけノイズが少ない高画質で撮影するのが狙いですから、基本的には最低感度のISO 100に設定します。手持ち撮影やカメラ三脚に取り付けて撮影する時など、少しでも速いシャッタースピードにしたい場合には必要なだけISO感度を上げるという考え方をしておくとよいでしょう。

4-11　露出制御

　被写体が画面の中で大きくて明るい場合は、カメラの自動露出（AE）が可能ですのでAモードなどが選択できますが、そうでない場合はMモードにします。
　具体的には、月はカメラ任せの自動露出が可能な場合もありますが、構図によらず意図通りの露出にするためにはMモードを基本に考えておくと良いでしょう。惑星は画面の中での大きさが小さいことから自動露出が難しいことがほとんどですのでMモードを選択することになります。

4-12　露出補正

　被写体が月などで、カメラ任せの自動露出が可能な場合には、被写体の明るさを意図通りのものにするために必要に応じて露出補正を行います。被写体を明るくしたい場合はプラス補正を、暗くしたい場合にはマイナス補正をします。
　露出補正で、被写体が思い通りの明るさにならない時には露出制御をMモードにします。なお、Mモードでは露出補正は機能しません。

4-13　フォーカスモード

　フォーカスモードでAFが選択できるかどうかは、被写体の画面の中での大きさや明るさ、被写体のコントラストに依存しています。
　AFが可能な場合はAFの方が便利ですが、木星や土星のような惑星ではまずAFできないため、ちょっと試してみてAFが無理と感じられる時は、潔くMFにする方がよいでしょう。

4-14　AFエリア

　AFが可能な月のような被写体を撮影する場合はAFを選択した上で、AFエリアを決めます。月齢や、画面の中での月の大きさにもよりますが、一般的にはAFエリアを大きくしておいた方が確実にAFできますし、カメラ主要な被写体を検出してくれるターゲットファインドが便利です。

4-15　手ブレ補正

　手ブレ補正は、手持ち撮影の場合はONにしてNORMALを選択します。三脚に取り付けたり、赤道儀に搭載する場合は、手ブレ補正をOFFにしておきましょう。

4-16　撮影の流れ

以下、基本的な撮影の流れを説明します。

■絞り値を決める
　レンズの性能を最大限生かすために絞りは開放（最も小さい値）にします。最も望遠側ではf/8ということです。

■試写を行う
　おすすめしているMモードの場合は、絞り値は基本的に開放にしますから、シャッタースピードを選択することにより、被写体が最適な明るさに写るようにします。
　また、試写の時には被写体の明るさだけではなく、もうひとつ注意をしておかなければならないことがあります。それは、撮影した結果、被写

体の動きが止まっているかどうかを確認することです。撮影の準備をしている段階で、35mm判換算で1000mmを越えるような超望遠領域では月や惑星が日周運動によって画面の中で動いている様子が分かると思いますが、それを止めて写そうと思えば、動きが認識できない程度の速いシャッタースピードにしなければなりません。原理的には、日周運動による天体の動きが画面上で画素のサイズを越えなければよいということになります。35mm判換算の焦点距離は3000mmですが、実際の焦点距離は539mm、撮像センサーの画素ピッチが1.3ミクロンですから、天の赤道近くにある天体の日周運動の動きを止めるには1/25秒より速いシャッタースピードにします。ただし、現実的には月の位置が天の赤道付近ではないことが多いですし、もう少し遅いシャッタースピードでも動きが目立たないこともありますから、1/25秒はひとつの目安ととらえ、許容できる限界を探るとよいでしょう。

　もし、動きを止めるためのシャッタースピードで露出がアンダーになるようであれば、ISO感度を最低感度のISO 100から上げて露出を適正にします。

■撮影する

　試写によって撮影条件が確定したら、本撮影に入ります。本撮影は、大気の条件にもよりますが、できるだけ数多く撮影した方がよい画像が得られる可能性が高まります。

　筆者の場合は、同じ被写体に対して最低でも数十枚は撮影するようにしています。月の場合はAFでのピント合わせが可能ですから、ピントに対する不安はそれほどありませんが、惑星の場合はMFの場合がほとんどですから、さらにピントの不安がつきまといます。そういう背景から、ピントを合わせて数十枚撮影するのを1セットとし、ピントを合わせ直しながら数セット撮影するとより確実です。

　大気の状態の良い時に撮影したいということから数多く撮影し、その

中から良い画像のものを選びたいのと、最良のピントのものを得たいということからピント合わせを繰り返しながら撮影したいというニーズから、そういう撮影スタイルになっているということです。

　画像処理も駆使して究極の画質を得たい場合にも多くの枚数を撮影することになりますが、そのあたりは「第12章 さらなる高画質を目指して」で詳しく紹介します。

まとめ

　多くの画像を撮影する場合は、大容量のSDカードと予備の電池を用意しておくと安心です。

　COOLPIX P1000での天体撮影に慣れてきて、さらなる高画質と撮影効率を追求したくなったら、赤道儀を用意することも視野に入れるとよいでしょう。

　画質でJPEGのFINEとかNORMALを選択する「撮って出し」の場合は、ホワイトバランス、COOLPIXピクチャーコントロール、ISO感度、露出などは、撮影中に設定を試したり変更したりしながら、最適な設定を探って下さい。

　本撮影の前には試写を行い、被写体の動きが止まっているかどうか、ピントが合っているかどうかなどを確認し、設定がそのままで良いか確認すると安心です。

第5章　月の撮影テクニック

月は、明るいだけでなく、見かけ上大きいということでCOOLPIX P1000にとって最も撮影しやすい天体です。また拡大していくにつれて、クレーターがはっきり見えてくるのが楽しい天体でもあります。さらに、月は月齢によって見え方が違い、さまざまな表情を見せるフォトジェニックな被写体です。この章では、月の撮影方法について解説します。

5-1　焦点距離の違いによる月の写真

　COOLPIX P1000を手にすれば、125倍の光学ズームにより焦点距離24mm相当から3000mm相当の画角、高画質をできるだけ維持するダイナミックファインズームで3000mmから6000mm相当の画角、さらに、いくらか解像感は低下するものの、さらなる電子ズームで12000mm相当の画角の画像を撮影することができます。

　各焦点距離でどのくらいの大きさに写るかは「1-5 焦点距離（35mm判換算）と月の大きさの関係」で示していますので、ここではさまざまな焦点距離で月を撮影した事例とその狙いを紹介しましょう。

　まずは1000mm相当から。地球照を撮影しました。

　1000mm相当では、月が画面の短辺の1/3程度の大きさに写りますから、空にぽっかり浮かんだ月をイメージしてもらうのによい画角といえるでしょう。できるだけ拡大して見せたいというよりも、ゆったり見てもらうのに向いている画角ということです。地球照の撮影については、本章の「5-4 新月に近い月の地球照を撮影する」で説明しています。

【1000mm相当で地球照を撮影】

　次は2000mm相当で撮影した画像です。
　2000mmになりますと、月の直径が画面の短辺の8割位ですので、満月などは画面に対してちょうどよい感じになります。ですので、画角を一定にして、少し余裕を残しながら月の満ち欠けを継続的に記録したい場合には最適な画角です。満月付近の撮影については、本章の「5-3 満月に近い細い月を撮影する」で説明しています。

【2000mm相当で月を撮影】

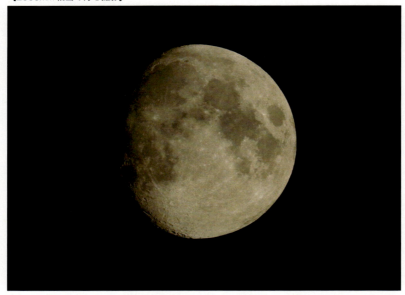

　次は3000mm相当で撮影した、上弦の頃の画像です。画面の長辺方向に月がいっぱい入る位の大きさに写すことができます。ですので、半月あるいはそれより細い月を画面の中いっぱいに入れて撮影するのに向いている画角といえるでしょう。
この頃は、明暗境界付近にある大きなクレーターの影が伸び、立体感が感じられます。また、クレーターだけでなく大きな山脈と呼ばれる地形（月のやや上部）も見えてきて、月面がもっともにぎやかに見えます。

【3000mm相当で半月の頃の月を撮影】

　最後はCOOLPIX P1000の電子ズームの最長焦点距離、12000mm相当で撮影した月面南部です。大気が安定して揺らぎが少なければ、このよ

うな画像を撮影することができます。ここまで大きな画像を撮影していると、まるで月探査衛星で月の近くまで行っているかのような気分になります。

【12000mm相当で半月の頃の月を撮影】

5-2 代表的な月の撮影例

さて、ここからは具体的な撮影条件などを説明します。

月齢によって多少設定を変えた方がよい場合もありますが、それはのちほど説明しますので、まずは基本的な注意点などを確認しておきましょう。

【月の撮影例】

この画像の撮影情報は次の通りです。

【撮影情報】

焦点距離（35mm 判換算）	3000mm
撮影モード	M モード
絞り値	f/8
シャッタースピード	1/50 秒
ISO 感度	100
フォーカスモード	AF
ホワイトバランス	晴天
COOLPIX Picture Control	SD（スタンダード）
手ブレ補正（VR）	しない（OFF）
光学フィルター	使用せず
追尾／固定撮影	赤道儀を用い追尾しながら撮影

　焦点距離（35mm 判換算）は、画面の中で月の大きさがちょうどよい 3000mm 相当にしました。ほぼ半月なので縦構図とし、それにふさわしい焦点距離を選択したということです。

　露出モードは、レンズの性能を最高に発揮させるために絞り値を開放の f/8 にしたいことから M モードにし、ヒストグラムを見ながらハイライト部が飛ばないよう露出時間を決めました。

　ISO 感度は、ノイズを少なくダイナミックレンジを広くしたいため、最低感度の ISO100 です。

　ピント合わせは AF が可能だったため AF（AF-S）を使用しました。ホワイトバランスは、自然な黄色っぽい色になることを期待して晴天です。

　COOLPIX ピクチャーコントロールは、半月に近いため、ハイライト部を飛ばないように露出を決めるとシャドウ部がうまく出ないのではないかと心配しましたが、幸い良い感じで出てくれましたのでスタンダードを選択にしました。

　手ブレ補正は、この撮影では COOLPIX P1000 を赤道儀に搭載しているため OFF です。

この後紹介する撮影例では、月齢など被写体の状況に応じてポイントとなる撮影情報を記載していますので、あわせてご確認下さい。

5-3　新月に近い細い月を撮影する

次は、月齢別に撮影のポイントを紹介します。

月は月齢によって見え方が違います。約29.5日で新月から満月になりまた新月に戻る満ち欠けを繰り返しています。その月の満ち欠けは月齢で示します。新月は月齢0です。ここでは、月齢5以下、24以上の新月に近い月を撮影してみます。

月齢5以下の月は夕方西の空に、月齢24以上の月は夜明け前に東の空に見ることができます。いずれの場合も月の高度が高くないことから、大気の揺らぎによる影響があり、大きく拡大して鮮明な画像を得ることは難しいのですが、地球照という影の部分が見えやすいのが特徴です。

ここでは、まず2400mm相当で細い月を撮影してみました。夕方の西の空や、明け方の東の空に浮かぶ細い月は、大変印象的です。これは明け方の月です。

【新月に近い月齢の細い月を写す撮影例（2400mm相当）】

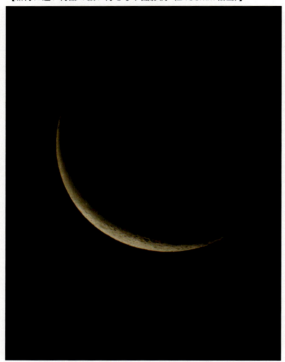

【細い月を撮影するのにポイントとなる撮影情報】

撮影モード	Mモード
絞り値	f/7.1
シャッタースピード	1/30秒
ホワイトバランス	晴天
COOLPIX Picture Control	SD（スタンダード）

　月の撮影では、最も明るい部分が白く飛んでしまわないようにしつつ、できるだけ欠け際をうまく写すように露出条件を決めるのがポイント

です。

　細い月に対しては、画面内での面積が狭いため測光が難しいことから、Mモードにするとよいでしょう。

　絞り値は、焦点距離によって数値は変わりますが、開放にし、露出はシャッタースピードを変えてみて最適値を探します。この作例では、2400mm相当になる焦点距離を選択しましたので、その時の開放F値であるf/7.1を選択しました。

　COOLPIXピクチャーコントロールはスタンダードを選択しました。

《撮影のポイント》
　月を撮影するには明るい部分が白く飛んでしまわないように、欠け際が黒くつぶれてしまわないように露出を決める。

5-4　新月に近い月の地球照を撮影する

　次は地球照の撮影方法を説明しましょう。

　夕方や明け方に見える細い月には、影の部分にもうっすらと月の姿を見ることができます。これは、地球で反射した太陽の光が月の影の部分に届いている現象で「地球照」と呼ばれています。

　新月に近いころ、細い月を撮影するには明るい部分に露出を合わせますが、地球照を撮影するにはたっぷり露出をかけます。

　焦点距離は、ゆったりとした構図なら1000mm相当、画面の中で月をある程度大きく見せるには2000mm相当がよいでしょう。

　地球照を綺麗に見せるには、月の明るい部分が露出オーバーになっても地球照がしっかり見える露出にすることが大切です。

【新月に近い月齢で地球照を写す撮影例（1000mm相当）】

【地球照を撮影するのにポイントとなる撮影情報】

撮影モード	Mモード
絞り値	f/5.6
シャッタースピード	1/3秒
ISO	100
ホワイトバランス	晴天
COOLPIX PictureControl	SD（スタンダード）

《撮影のポイント》
地球照を撮影するには、明るい部分が露出オーバーになっても、影の部分がしっかり見えるよう、露出をたっぷりかける。

5-5　半月の頃の月を撮影する

　月齢5〜10、19〜24の頃は、半月に近い月です。
　半月に近くなると、明暗境界線付近にある大きなクレーターの影が伸び、立体感が感じられます。欠け際のクレーターが最も綺麗に見えるのが、半月の頃です。
　上弦の月は、日没の頃に南中し、高度が高いということもあり拡大撮影も楽しい月齢です。欠け際が比較的まっすぐの時は、縦構図で撮影するのもよいでしょう。

【半月（上弦の月）の頃の撮影例（左：3000mm相当、右：9600mm相当）】

下弦の月も、上弦の月と同様、大きなクレーターや南部には山脈などが見えて撮影するのが楽しいです。

【半月（下弦の月）の頃の撮影例（左：3000mm相当、右：12000mm相当）】

【半月の頃の月を撮影するのにポイントとなる撮影情報】

撮影モード	Mモード
絞り値	f/8
シャッタースピード	1/60秒
ISO	100
ホワイトバランス	晴天
COOLPIX PictureControl	SD（スタンダード）

　半月の頃の月は、ハイライト部とシャドウ部の明るさの差が大きいため、コントラストが高いと欠け際が暗くなりすぎることがあります。COOLPIXピクチャーコントロールは基本的にはスタンダードで良いで

すが、ハイライト部が飛びそう、あるいはシャドウ部がつぶれそうな場合はコントラストを低くするためニュートラルを選択すればよいでしょう。

《撮影のポイント》
　半月の頃の月は、ハイライト部を白く飛ばさない、かつ欠け際のクレーターをきれいに見せるために、コントラストを調節する。

5-6　満月の頃の月を撮影する

　満月は月の軌道が楕円であるため月齢が一定ではないのですが、月齢13.8から15.8の間に満月になります。
　月に対して太陽の光が正面から降り注ぐためクレーターの影がほとんどないか極端に短く、海と呼ばれる大きな模様がよく見えます。全体にコントラストが低い状態ですので、海と陸のコントラストを高める工夫をすると見映えがよくなります。
　満月の頃の月の撮影では、COOLPIXピクチャーコントロールはスタンダードか、コントラストを高くしたい場合にはビビッドにすると良いでしょう。

【満月の頃の月の撮影例（2000mm相当）】

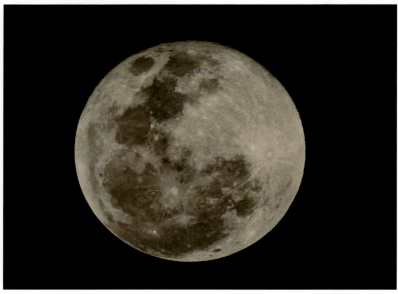

【満月の頃の月を撮影するのにポイントとなる撮影情報】

撮影モード	Mモード
絞り値	f/8
シャッタースピード	1/250秒
ISO	100
ホワイトバランス	晴天
COOLPIX PictureControl	SD（スタンダード）

《撮影のポイント》

　満月の頃の月は、海の模様やティコクレーターからの光条をはっきり見せるためには、コントラストを高めると良い。

5-7　月の撮影のバリエーション

　月は月齢が変化するだけでなく、星空の中での位置を変えます。時として、惑星と近づくことがありますので、そういう時には同じフレームの中に入れて撮影するのも楽しいです。

　これは月と金星が近づいた時に撮影したものです。金星に対しては露出オーバーになっていますが、1500mmで撮影するとかろうじて半月状の形が確認できるのも楽しいです。

【月と金星の接近（1500mm相当）】

撮影モード	Mモード
焦点距離	1500mm相当
絞り値	f/5.6
シャッタースピード	1/60秒
ISO	100
ホワイトバランス	晴天
COOLPIX PictureControl	SD（スタンダード）

　次の写真は月と土星が接近した時に撮影したものです。

　月と土星の明るさが大きく違うために、できるだけコントラストを下げなくてはなりません。今回は、COOLPIXピクチャーコントロールをニュートラルにし、さらにコントラストを−2に設定することでぎりぎり再現できる階調の範囲の中に収めることができました。

【月と土星の接近（864mm相当。右の写真は、左の写真の白枠内を拡大したもの）】

【月と金星の接近の撮影情報】

撮影モード	Mモード
焦点距離	864mm相当
絞り値	f/5.6
シャッタースピード	1/125秒
ISO	100
ホワイトバランス	晴天
COOLPIX PictureControl	ニュートラル 輪郭強調　3、コントラスト　－2

　夕方、あるいは明け方に見える細い月は幻想的です。撮影しようと思

第5章　月の撮影テクニック　99

えば、夕方の月は空が暗くなるのを待っていたらすぐに沈んでしまいますし、明け方の月は高度が高くなるのを待っていたらすぐに空が明るくなってしまいます。それならば、空の明るさが適当な時に撮ってしまうのもひとつのアイデアです。

　この作品は、明け方、薄明の中に細い月を見つけて撮影したものです。

【薄明中の月（22000mm相当）】

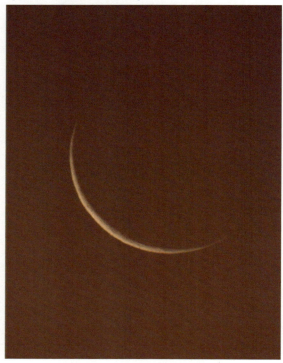

【薄明中の月を撮影するのにポイントとなる撮影情報】

撮影モード	Mモード
絞り値	f/8
シャッタースピード	1/4秒
露出補正	―
ISO	100
ホワイトバランス	晴天
COOLPIX PictureControl	SD（スタンダード）

《撮影のポイント》

　薄明の中、時々刻々と変わる空の色の変化を楽しみながら細い月を撮影してみよう。

5-8　画づくりを意識して月を撮影する

　記録する画像の画づくりは、COOLPIXピクチャーコントロールによってコントロールできます。

　スタンダードは何にでも向く一般的な画づくり、ニュートラルはコントラストや彩度を抑え、やさしい、あるいは大人しいという表現が合う画づくり、ビビッドは、コントラストは強めで色も鮮やかにしてくれる元気のよい画づくりです。さらに、初期設定だけではなく、輪郭強調、コントラスト、色の濃さ（彩度）を細かく設定することができます。ここでは、それぞれの設定の撮影例を紹介しますが、COOLPIXピクチャーコントロールの詳しい設定方法については、「第11章 カメラの詳しい使い方」の「11-2 COOLPIXピクチャーコントロール」で説明しています。

　それでは、撮影例を見てみましょう。

【ニュートラルの撮影例】

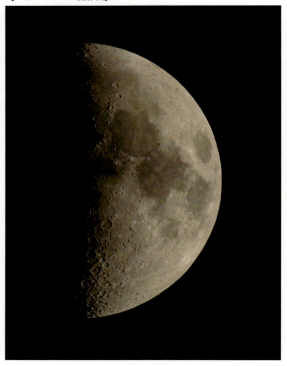

【ニュートラルの撮影情報】

COOLPIX PictureControl	NL（ニュートラル）

　月面の明るさの違いが圧縮されるため、ハイライト部分を飛ばさないだけでなく、シャドウ部の欠け際までしっかり写したい時に有効です。

【スタンダードの撮影例】

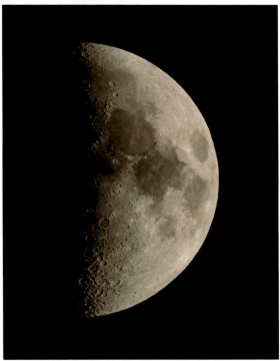

【スタンダードの撮影情報】

| COOLPIX PictureControl | SD（スタンダード） |

　適度な演出により、汎用性の高いのがスタンダードです。月面の海のコントラストも適当です。

【ビビッドの撮影例】

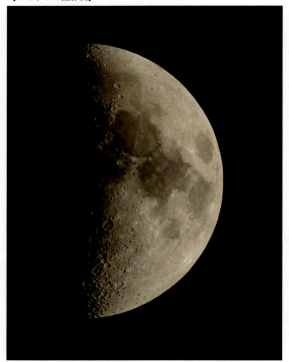

【ビビッドの撮影情報】

COOLPIX PictureControl	VI（ビビッド）

　メリハリのある描写をしたい時に有効です。シャドウ部がしっかり締まり、ハイライト部の輝きなどが目立ちます。

《撮影のポイント》
　COOLPIXピクチャーコントロールは、欠け際までしっかり写したい時はニュートラル、見た目に近いイメージにしたい時はスタンダード、

メリハリをつけたい時はビビッドに設定するとよい。

5-9　シーンモード［月］で撮影する

　COOLPIX P1000にはシーンモードのひとつに［月］があります。難しい設定をしなくても、簡単に迫力のある月の撮影が可能です。

　画面の中の月が、月齢によらずちょうどよい大きさに写る35mm判換算で2000mmだけでなく、1000mm、2400mm、3000mm相当にワンタッチで設定できます。また色を簡単に調節できるのが特徴です。シーンモード［月］の設定方法や詳しい使い方については、「第11章 カメラの詳しい使い方」の「11-13 シーンモード［月］」で説明しています。

【シーンモード［月］で画像モニター（電子ファインダー）に表示されるフレーム】

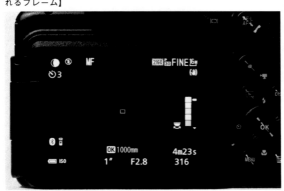

　画像モニターあるいは電子ファインダーの画面中央には、「焦点距離の選択」で設定した35mm判換算での焦点距離（ここでは2000mm相当）1の画角がフレーミング枠として表示されますので、月をフレーミング枠の中に入れます。フレーミング枠はズーム位置と連動して拡大・縮小します。フレーミング枠が小さいときは、ズームレバーを望遠側に動かし

第5章　月の撮影テクニック　105

てフレーミング枠を拡大すると月を入れやすくなります。

マルチセレクターの中央にあるOKボタンを押すと、一気に設定した焦点距離（初期設定は2000mm相当）の画角まで被写体を拡大することができます。

【シーンモード［月］での色の調節】

コマンドダイヤルで、月の色を調節することができます。

シーンモード［月］では露出補正も可能です。露出補正の方法は、P、S、A、Mモードでの方法と同じです。詳しくは、「第11章 カメラの詳しい使い方」の「11-5 露出制御」で説明しています。

まとめ

　この章では、被写体としてもっとも身近な天体である月をとりあげました。

焦点距離による画角の違い、月齢別の魅力や撮影方法、コントラストや色の調整などを個別に説明しましたが、それらを組み合わせることによって、さまざまな月の写真を撮影することができるでしょう。

第6章　金星の撮影テクニック

金星は、地球のひとつ内側を回っている惑星です。紫外線の特定波長で撮影すると模様が見やすくなりますが、可視光では残念ながらほとんど見えません。内惑星特有の、形と大きさの変化を楽しむことができる天体と言えるでしょう。

6-1　金星の見え方

　金星を撮影するのに欠かせないのは、金星の見え方を把握することです。下図を参考にしてください。

【金星の見え方】

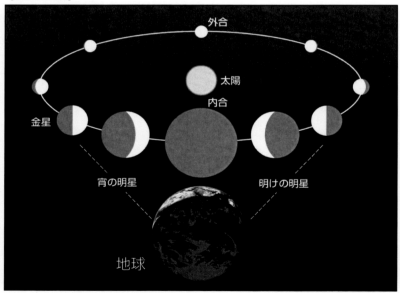

6-2　金星の撮影例

　ここで紹介しているのは、2018年7月に撮影したものです。やや小さいながらも、金星の半円形の姿を撮影することができました。
　この時の金星は、図の左の位置のように、見かけ上は太陽から離れた位置にありますが、実際には光源である太陽に近く、表面の反射率が高いので、撮影条件の面では速いシャッタースピードが切れることが特徴です。

【半月状に見える位置にある金星の撮影例（12000mm相当）】

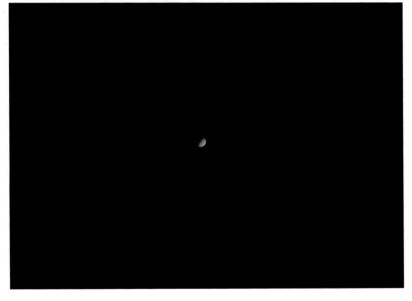

【半月状に見える位置にある金星の撮影情報】

焦点距離（35mm 判換算）	12000mm 電子ズーム 4X
撮影モード	M モード
絞り値	f/8
シャッタースピード	1/800 秒
露出補正	—
ISO 感度	100
フォーカスモード	MF
ホワイトバランス	晴天
COOLPIX Picture Control	SD（スタンダード）
手ブレ補正（VR）	しない（OFF）
光学フィルター	使用せず
追尾／固定撮影	赤道儀に搭載して撮影

　焦点距離は、小さい金星をできるだけ大きく捉えたいため電子ズームで4倍に拡大し12000mm相当にしました。この位の焦点距離になると、日周運動によって金星があっという間に画面の外に逃げてしまいますから、赤道儀に搭載して追尾しました。

　撮影モードは、測光が難しいためMモードにしました。

　絞り値は、レンズの性能を最高に発揮させるために開放のf/8にし、シャッタースピードは、試写の結果、1/800秒にしました。

　ISO感度は、金星が明るいことから特に上げる必要もなく、できるだけノイズが少ない高画質にするために100です。

　ピント合わせはAFが不可能だったためMFで合わせました。

　ホワイトバランスは、そのままの色が出せるように晴天にしました。COOLPIXピクチャーコントロールは、もっとも一般的なスタンダードです。

　手ブレ補正は、この撮影ではCOOLPIX P1000を赤道儀に搭載しているためOFFです。

金星は、地球から見ると約584日で太陽の周りを回っているように見えます（会合周期といいます）ので、1.6年ほどかけて変化を追跡すれば、形が変化するのを記録できるということになります。

まとめ

　COOLPIX P1000での金星の撮影は、模様は写しとることができませんが、形と大きさの変化を楽しめます。撮影時は、測光が難しいので撮影モードをMモードにするとよいでしょう。

第7章　木星の撮影テクニック

木星は太陽系最大の惑星で、小型の望遠鏡では赤道付近にある最も大きな2本の縞模様や、有名な大赤斑がこちらを向いていれば見ることができます。COOLPIX P1000は、その2本の縞模様や大赤斑をカメラだけで撮影することができるので、驚きです。また、木星にはガリレオ衛星がありますから、木星のまわりをガリレオ衛星が回っている様子を写したいという気持ちにもなります。それぞれに違う露出が求められますので、以下に説明します。

7-1　木星本体を撮影する

　まずは木星本体だけを撮影してみましょう。木星の撮影は、カメラの設定によってコントラストを強調するなど、写真撮影の工夫ができるのも楽しいところです。

【木星本体の撮影例】

【木星本体の撮影情報】

焦点距離（35mm判換算）	12000mm 電子ズーム4X
撮影モード	Mモード
絞り値	f/8
シャッタースピード	1/50秒
露出補正	—
ISO感度	100
フォーカスモード	MF
ホワイトバランス	晴天
COOLPIX Picture Control	VIVID（ビビッド）
手ブレ補正（VR）	しない（OFF）
追尾／固定撮影	赤道儀を用いた追尾撮影

　焦点距離は、できるだけ木星を大きく撮りたいため12000mm相当にしました。この位の焦点距離になると、日周運動によって木星があっという間に画面の外に逃げてしまいますから、赤道儀があると画面の中に入れるのも追尾をするのも大変便利です。赤道儀が用意できなくても、せめて三脚は用意したいところです。

　撮影モードは、測光が難しいためMモードにしました。

　絞り値は、レンズの性能を最高に発揮させるために開放のf/8にし、シャッタースピードは、試写の結果1/50秒にしました。

　ISO感度は、できるだけノイズが少ない高画質にするために100です。ピント合わせはAFが不可能だったためをMFで合わせました。

　ホワイトバランスは、そのままの色が出せる晴天にしました。カメラ任せのAUTO1でも構いません。

　COOLPIXピクチャーコントロールは、淡い模様をしっかり出せるようにコントラストと彩度を強調するためビビッド（VIVID）にしました。

　手ブレ補正は、この撮影ではCOOLPIX P1000を搭載しているためOFFです。

7-2　木星とガリレオ衛星を一緒に撮影する

　木星は本体に縞模様があるだけでなく、ガリレオ衛星という約6等級の衛星が4個あります。ガリレオ衛星は公転により移動し続けていますので、どれがどの衛星であるかを調べるなど、継続的に撮影したくなります。

　木星には現在67個の衛星が発見されていますが、ガリレオによって発見されたイオ、エウロパ、ガニメデ、カリストという名前の4個の衛星が有名で、7倍程度の双眼鏡を用いれば肉眼でも見ることもできますし、COOLPIX P1000なら本体と一緒に撮影できるのです。

　イオ、エウロパ、ガニメデ、カリストの衛星は、それぞれ1.76日、3.55日、7.16日、16.69日で木星の周りを回っています。以下の画像のように、数十分以上の時間を空けて複数撮影すれば、その動きを確認することができます。

【木星とガリレオ衛星が一緒の撮影例①（10800mm相当）】

【木星とガリレオ衛星を一緒に写した時の撮影情報】

焦点距離（35mm判換算）	10800mm
撮影モード	Mモード
絞り値	f/8
シャッタースピード	1秒
露出補正	―
ISO感度	100
フォーカスモード	MF
ホワイトバランス	晴天
COOLPIX Picture Control	SD（スタンダード）
手ブレ補正（VR）	しない（OFF）
追尾／固定撮影	赤道儀を用いた追尾撮影

【木星とガリレオ衛星が一緒の撮影例②（3000mm相当）】

【木星とガリレオ衛星を一緒に写した時の撮影情報】

焦点距離（35mm判換算）	3000mm
撮影モード	Mモード
絞り値	f/8
シャッタースピード	1秒
露出補正	―
ISO感度	100
フォーカスモード	MF
ホワイトバランス	AUTO
COOLPIX Picture Control	SD（スタンダード）
手ブレ補正（VR）	しない（OFF）
追尾／固定撮影	赤道儀を用いた追尾撮影

焦点距離は、画面いっぱいに4個の衛星を配置するために10800mm相当、また電子ズームを使わない3000mm相当でも撮影してみました。木星本体の場合は画面のどこかに入っていればよいという気楽な気持ちで臨めますが、ガリレオ衛星を撮影する場合は4個の衛星の位置をどうするかなど構図にこだわりたくなります。それを快適に行うためには、赤道儀があると画面の中に入れるのも、構図を決めるのも追尾をするのも大変便利です。

　露出制御は、測光が難しいためMモードにしました。

　絞り値は、レンズの性能を最高に発揮させるために開放のf/8にし、シャッタースピードは、試写の結果1秒にしました。

　ISO感度は、赤道儀に搭載していたため、特に速いシャッタースピードにする必要がないことから、できるだけノイズが少ない高画質にするために10800mm相当の画角では100に、また3000mm相当の画角では衛星が小さくなり見えにくくなるのを防ぐため露出オーバーを狙い800にしました。

　ピント合わせはAFが不可能だったためをMFで合わせました。

　ホワイトバランスは、そのままの色が出せる晴天とAUTOにしました。

　COOLPIXピクチャーコントロールは、もっとも一般的なスタンダードにしました。

　手ブレ補正は、この撮影ではCOOLPIX P1000を赤道儀に取り付けているためOFFです。

《撮影のポイント》

　COOLPIX P1000を赤道儀ではなく三脚に取り付ける場合には、追尾ができないために、1秒のシャッタースピードでは木星やガリレオ衛星が画面の中で流れてしまいます。そういう時には、ISO感度を上げてシャッタースピードを速くします。

　ISO100で1秒と同じ露出条件になるのはISO1600なら1/15秒、ISO3200

なら1/30秒ということになります。感度を上げれば速いシャッタースピードが選択でき動きを止めることができますが、画面がザラザラするノイズも目立ってきますから、いろいろ試してみて決めるとよいでしょう。

まとめ

　木星だけを撮影する時も、木星とガリレオ衛星を一緒に撮影する時も、P、S、Aモードでは測光が難しいので、Mモードが基本です。ISO 100でf/8の場合、木星だけの撮影では、シャッタースピード1/50秒を目安に、縞模様が良く見えるように少しずつ調整しながら撮ってみてください。木星とガリレオ衛星を一緒に写すには、シャッタースピード1秒を目安に前後に調整してみるとよいでしょう。
　またどちらの撮影でも、赤道儀があるとフレームの中にうまく収めることができます。撮影することに対して興味が増してきたら、購入されるとよいでしょう。

第8章　土星の撮影テクニック

望遠鏡でいろいろな天体を観察し始めた時に最も感動するのは、月と土星ではないでしょうか。土星は、輪を持っているという独特な姿から大変印象的な天体です。望遠鏡で星空を眺めている時、恒星はいくら倍率を上げても点にしか見えませんが、面積を持った天体である惑星が視野の中に入ってくると、宇宙が急に立体的なものと感じます。

8-1　土星の撮影例

　COOLPIX P1000では、望遠鏡を使わずにカメラだけで土星の輪を撮ることができます。ガリレオが当時望遠鏡で見たよりもはるかに鮮明な土星の画像を、カメラ単体で撮影できることには、本当に驚かされます。それでは、土星の撮影にチャレンジしてみましょう。

【土星の撮影例（12000mm相当）】

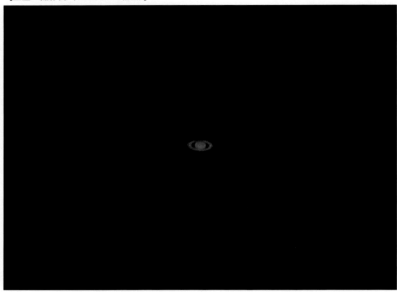

【土星の撮影情報】

焦点距離（35mm判換算）	12000mm 電子ズーム 4X
撮影モード	M モード
絞り値	f/8
シャッタースピード	1/15 秒
ISO 感度	100
フォーカスモード	MF
ホワイトバランス	晴天
COOLPIX Picture Control	SD（スタンダード）
手ブレ補正（VR）	しない（OFF）
追尾／固定撮影	赤道儀を用いた追尾撮影

焦点距離は、土星の姿をできるだけ大きくとらえるために12000mm相

当にしました。この位の焦点距離になると日周運動によって土星があっという間に画面の外に逃げてしまいますから、赤道儀があると画面の中に入れるのも追尾をするのも大変便利です。赤道儀が用意できなくても、ビデオ雲台あるいは微動装置付きの三脚は用意したいところです。

　撮影モードは、測光が難しいためMモードにしました。

　絞り値は、レンズの性能を最高に発揮させるために開放のf/8にし、シャッタースピードは、試写の結果1/15秒にしました。

　ISO感度は、赤道儀に搭載していたため、特に速いシャッタースピードにする必要がないことから、できるだけノイズが少ない高画質にするために100です。

　ピント合わせはAFが不可能だったためMFで合わせました。

　ホワイトバランスは、そのままの色が出せる晴天に設定にしました。被写体に特別鮮やかな色がある訳ではありませんから、カメラ任せのAUTO1でも構いません。

　COOLPIXピクチャーコントロールは、もっとも一般的なスタンダードにしました。

　手ブレ補正は、この撮影ではCOOLPIX P1000を赤道儀に取り付けているためOFFです。

まとめ

　COOLPIX P1000で土星を撮影する時は、測光が難しいので撮影モードはMモードを推奨します。また、オートフォーカスではピントが合わないので、フォーカスモードはMFがよいでしょう。

　撮影時の三脚の使用は必須です。さらに赤道儀があると、土星をフレームの中にうまく収めることができます。撮影することに対して興味が増してきたら、購入されるとよいでしょう。

第9章　太陽の撮影テクニック

太陽は地球から見える最も明るい天体で、撮影にはしっかり減光するためのNDフィルターが必須ですが、COOLPIX P1000では、黒点があればその様子を撮影することが可能です。継続的に撮影すれば、黒点の成長から消失までの変化も確認できます。なお、本章で紹介する画像は、大きな黒点が出現した2014年10月にCOOLPIX P600で撮影したものです。

9-1　太陽の撮影時の注意

　太陽は極めて明るい天体ですから、肉眼で直接見ると失明につながることもあります。それはカメラにとっても同様で、フィルターで光量を減らさなければカメラの撮像センサーなどを破損してしまうこともあります。減らすべき光量の目安は10万分の1。一般的な写真撮影で光量を減らす場合には1/4とか1/16程度に減らすことが多いため、ND4とかND16というフィルターを使いますが太陽の撮影においてはその程度の減光では全く話にならず、ND100000という10万分の1にまで減光するものを使わなければなりません。あるいはND400というようなフィルターを2枚重ねて16万分の1にするという方法もあります。

9-2　太陽の撮影例

　焦点距離を変えながら、黒点の見える太陽を撮影してみました。

【太陽の撮影例（1440mm相当）】

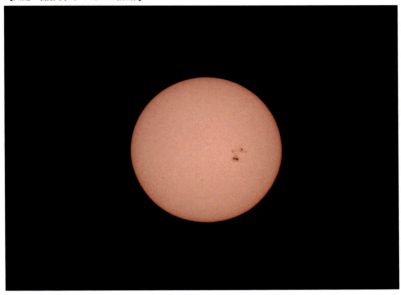

【1440mm相当での太陽の撮影情報】

焦点距離（35mm判換算）	1440mm 電子ズームなし
撮影モード	Aモード
絞り値	f/6.5
シャッタースピード	1/400秒
露出補正	＋0.3EV
ISO感度	100
フォーカスモード	AF-S
ホワイトバランス	AUTO1
COOLPIX Picture Control	SD（スタンダード）
手ブレ補正（VR）	しない（OFF）
光学フィルター	ND400を2枚重ねて使用
追尾／固定撮影	赤道儀を用いた追尾撮影

第9章　太陽の撮影テクニック

【2880mm相当での太陽の撮影例】

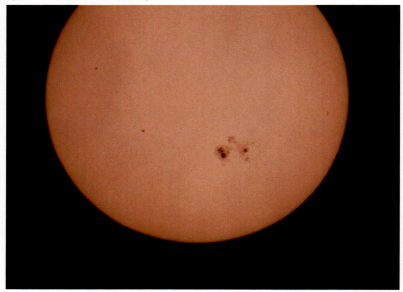

【2880mm相当での太陽の撮影例】

焦点距離（35mm判換算）	2880mm 電子ズーム
撮影モード	A モード
絞り値	f/6.5
シャッタースピード	1/400
露出補正	＋0.3EV
ISO感度	100
フォーカスモード	AF-S
ホワイトバランス	AUTO1
COOLPIX Picture Control	スタンダード
手ブレ補正（VR）	しない（OFF）
フィルター	ND400を2枚重ねて使用
追尾／固定撮影	赤道儀を用いた追尾撮影

【5760mm相当での拡大撮影例】

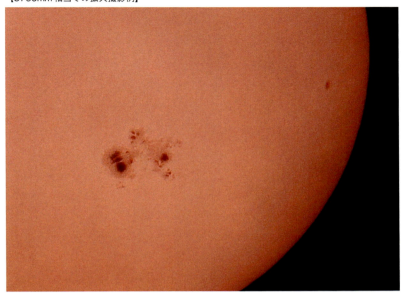

【5760mm相当での拡大撮影例①の撮影情報】

焦点距離（35mm判換算）	5760mm 電子ズーム 4X
撮影モード	Mモード
絞り値	f/6.5
シャッタースピード	1/250秒
露出補正	—
ISO感度	100
フォーカスモード	AF-S
ホワイトバランス	AUTO1
COOLPIX Picture Control	SD（スタンダード）
手ブレ補正（VR）	しない（OFF）
フィルター	ND400を2枚重ねて使用
追尾／固定撮影	赤道儀を用いた追尾撮影

第9章　太陽の撮影テクニック　125

太陽の見かけの大きさはおよそ月と同じ大きさです。画面にほどほどの大きさに収まるようにしようと思えば2000mm相当がよいですが、ここではまず少々小さめの1440mm相当にしました。撮影に使用したCOOLPIX P600の、光学ズームの望遠側の最長焦点距離でもあります。

　2枚目の画像は2880mm相当の画像です。2880mmという焦点距離は、COOLPIX P600に搭載されているダイナミックファインズーム機能の最長焦点距離です。

　5760mm相当の拡大撮影の方は、できるだけ黒点の構造まで見えるように、電子ズームで4Xに拡大したものです。カメラ単体でここまで拡大できるのは驚きです。粒状斑という太陽表面の構造まで見えています。この画像はCOOLPIX P600で撮影したものですが、COOLPIX P1000ならさらにレンズの口径が大きく望遠能力が優れているため期待が高まります。

　露出モードは、AモードでもMモードでも可能ですが、1440mm相当、2880mm相当ともAモードで撮影してみました。

　絞り値は、レンズの性能を最高に発揮させるために開放のf/8にし、シャッタースピードは、Aモードの場合はカメラ任せの状態から、太陽がやや明るくなるように＋0.3EVの露出補正をしています。拡大撮影は、Mモードで画像を確認しながら1/250秒にしました。

　ISO感度は、ここでもできるだけノイズが少ない高画質にするために最低感度のISO 100です。

　ピント合わせはAFが可能だったためAFで合わせました。ホワイトバランスは、カメラ任せのAUTO1にしました。

　COOLPIXピクチャーコントロールは、もっとも一般的なスタンダードにしました。

　手ブレ補正は、赤道儀に取り付けているためOFFです。

　フィルターは、ND400を2枚重ねて使用しました。ND400を2枚重ねて使用すれば16万分の1に減らすことができ、ISO 100の時の露出時間

が1/250秒と、ちょうどよい光量になりました。

　色は、原理的には無彩色になるはずですが、使用したNDフィルターの分光透過率とホワイトバランスの機能の関係から赤味を帯びた色になりました。

《注意》

　COOLPIX P1000はレンズ先端部に77mm径のフィルターねじがありますから77mm径のフィルターを用意すれば問題ありませんが、撮影に用いたCOOLPIX P600には、レンズ先端部にフィルターねじがありません。そのためフィルターの取り付けに際してはカメラのレンズを上に向け、レンズの口径よりも一回り大きいND400を2枚重ねてレンズの先端に落下しないように置き、遮光と落下防止のために黒いテープで巻きました。

　このようにフィルターねじがないカメラを使用する場合には、あくまでもユーザー責任でフィルターを取り付ける工夫をして下さい。

まとめ

　太陽は、この章で紹介しているような大きな黒点があれば、晴れていれば毎日でも撮影して、黒点が太陽表面上で移動する様子や黒点の変化が確認できますから、とても魅力的な被写体とも言えるでしょう。

　ただし、減光するフィルターは必要不可欠です。それさえ用意できれば簡単に撮影できますから、ぜひチャレンジしてみてください。

第10章　天体の動画撮影テクニック

暗い天体は動画撮影が難しいですが、本書で紹介しているような月や惑星の動画撮影は意外と簡単です。また4K UHDでの記録も可能になりましたので、より高精細な映像が記録できるのも大きな魅力ですので、ぜひチャレンジしてください。

10-1　動画撮影を楽しむ

　本書は主に静止画の撮影方法について解説していますが、COOLPIX P1000はフルハイビジョン（1920×1080）はもちろんのこと、4K UHD（3840×2160）で30p（1秒間に30フレーム）までの動画撮影ができる機能と性能を有しています。また、マニュアル動画という仕様が追加されたことにも注目しておきたいと思います。月は画面の中で大きな面積を占める状態で撮影することが多いですが、金星、木星、土星などの惑星は画面内でも小さい面積しか占めません。そのため、露出でMモードが使えない場合、小さい面積の被写体を適正露出にするためにCOOLPIX P900までの機種ではテクニックが必要だったのですが、マニュアル動画を用いれば直接自分の好みの露出レベルを簡単に設定できるため、見かけの面積が小さい惑星のような被写体に対して大変有効なのです。ここでは、月や惑星の撮影に大変便利になったマニュアル動画を中心に説明します。

　またCOOLPIX P1000で撮影できる4K UHDの高精細映像は、画面の大きいテレビやPCモニターで鑑賞して楽しめるだけでなく、最終的に綺麗な静止画を得るための素材としても活用することができます。いずれの場合も、適切な設定で撮影することがポイントになりますので、順を

追って説明しましょう。

10-2　COOLPIX P1000での動画撮影の基本

動画設定（画像サイズ/フレームレート、記録方式）

　動画メニューの動画設定から、画像サイズ/フレームレート、記録方式のセットを選択します。

　画素サイズは、撮影後にテレビに接続して鑑賞するなど、表示するデバイスが決まっている場合はそれに合わせれば良いでしょう。できるだけ高精細に撮影しておいて、あとから用途に応じて画素サイズをコンバートすることもできますから、映像素材あるいは画像処理の素材として活用する可能性を考えれば、4K UHD、すなわち画素サイズの面では3840×2160を選択しておくことをおすすめします。

　フレームレートは、1秒間に撮影する、あるいは再生するフレーム数のことですが、高い（数字が大きい）と再生した時の動きは滑らかになります。4K UHDでは30pか25pが選択肢ですので、30pを選択しておくと良いでしょう。

ISO感度、絞り、シャッタースピード

　COOLPIX P1000で月や惑星の動画撮影をする場合、ISO感度や絞り、シャッタースピードは目的に応じて自分で設定したいものです。そのためにまず撮影モードをマニュアル動画モードにします。

　ISO感度は、できるだけノイズの少ない画像を得たいという理由から、まずは最低感度を基本にしておくと良いでしょう。静止画の場合の最低感度はISO 100ですが、マニュアル動画の場合はISO 125ですのでISO 125にします。

　絞りは、見かけの大きさが小さいものをできるだけ分解能を高めて撮影したいため、静止画と同様「基本は開放」と理解しておくと良いでしょう。

第10章　天体の動画撮影テクニック

シャッタースピードは、上記ISO 125、絞り開放にした上で適正露出になる数値に設定します。もし手ブレが心配になるなどの画質に影響が出る可能性があれば、必要な手ブレの心配がないシャッタースピードになるようISO感度をあげます。

ホワイトバランス、COOLPIXピクチャーコントロール

　ホワイトバランスとCOOLPIXピクチャーコントロールは、静止画と同じように、かつ独立して設定することができます。静止画と同様、目的によってAUTO1、晴天、色温度設定などから選択するとよいでしょう。

　COOLPIXピクチャーコントロールも、静止画と同じように、かつ独立して設定することができます。そのまま鑑賞するのであればスタンダードやビビッドのようなメリハリの効いたものを選べば良いですが、あとから静止画を仕上げるための素材として動画を撮影する場合には、できるだけ演出をしない、すなわち輪郭強調とかコントラストを強くしすぎないことがポイントになります。

ピント合わせ

　ピント合わせは、被写体に応じてオートフォーカス、マニュアルフォーカスを使い分けます。

　動画撮影のAFモードには、動画撮影ボタンを押した時（動画撮影開始時）のオートフォーカスのピントに固定するシングルAF（AF-S）と、動画撮影中にピント合わせを続ける常時AF（AF-F）があります。月などの天体を撮影する場合のAFモードはシングルAFに設定しましょう。月は一度ピントが合えば合わせなおしをする必要がないためです。

　月のようなオートフォーカスでピントが合う被写体はオートフォーカスが便利ですが、金星、木星、土星のようにオートフォーカスによるピント合わせが難しい被写体は、マニュアルフォーカスでピント合わせをしてから動画撮影を開始するとよいでしょう。ただしマニュアル動画の

場合、撮影を開始すると適正露出になる設定であっても、撮影前のライブビュー中には被写体が明るく見えてピント合わせがしづらいことがあります。そういう時には撮影開始した後に適正露出の被写体を見ながらマニュアルフォーカスでピント合わせをする方が精度が上がることがありますから、試してみてください。

手ブレ補正

　天体を動画撮影する時にカメラを三脚または赤道儀に固定することは必須と言えるでしょう。三脚や赤道儀にCOOLPIX P1000を固定した場合、静止画の撮影と同様に手ブレ補正は必要ないのでOFFに設定します。COOLPIX P1000の動画メニューには、電子手ブレ補正という項目があります。電子手ブレ補正は4K UHDでは使用できませんが、フルハイビジョン以下の時にレンズ内手ブレ補正とは異なり画像処理で手ブレ補正を軽減させるものなのでほとんどの場合はON（する）のままでよいでしょう。

まとめ

　COOLPIX P1000は、マニュアル動画を用いると月や惑星の動画撮影が楽にできます。超望遠での4K UHD動画撮影は、大気の揺らぎを含め臨場感のある映像が得られます。

第11章　カメラの詳しい使い方

ここでは、これまでの章で紹介してきたCOOLPIX P1000の機能を使いこなすための設定法や撮影テクニックについて説明します。なお、ここでの設定は、本書のテーマである天体撮影に関係した設定を中心に進めています。

11-1　マルチセレクターの使い方

　COOLPIX P1000のさまざまな機能を設定する時、メニュー画面でマルチセレクターを使用し、設定値（選択肢）を選択します。

　マルチセレクターのダイヤルの周りには、上から時計回りに、「フラッシュ（上側）」、「＋／－（右側）」、「花（下側）」、「タイマー（左側）」の4つのマークが付いていて、それぞれのダイヤル部分を押すことができます。本書では、「フラッシュ」のマークが付いている部分を押す時は「上側を押す」、「＋／－」のマークの部分を押す時は「右側を押す」と表記しています。

　メニュー画面でのマルチセレクターの主な操作方法は以下の通りです。

■メニュー項目の設定画面に入る／前の画面に戻る

　メニュー項目の設定画面、詳細設定画面に入るには、マルチセレクターの右側を押します。画面を戻すには、マルチセレクターの左側を押します。現在の設定値から別の設定値を変更した場合は、OKボタンを押します。設定値が変更されて前の画面に戻ります。OKボタンを押さずにマルチセレクターの左側を押し場合は、現在の設定は変更されません。

【マルチセレクターの操作：右側を押すと、そのメニューの設定画面に入る。左側を押すと、前の画面に戻る】

■メニュー項目／設定値を選択する

メニュー項目や設定値を選択するには、マルチセレクターの上側／下側を押します。同様の操作は、マルチセレクターを回転させること、コマンドダイヤルを回すことでも行えます。

【マルチセレクターの操作：上側を押すと、上の項目に移動する。下側を押すと、下の項目に移動する】

  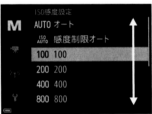

11-2　COOLPIXピクチャーコントロール

　COOLPIXピクチャーコントロールは、撮影状況や好みに合わせてあらかじめ撮影前に設定しておくことによって、記録する画像の画づくりをコントロールできるものです。記録画像がカラーの場合は、スタンダード、ニュートラル、ビビッドからいずれかを選択することができ、さら

第11章　カメラの詳しい使い方 | 133

にモノクロで記録したい場合はモノクロームを選択できます。

　スタンダードは何にでも向く一般的な画づくり、ニュートラルはコントラストや彩度を抑え、やさしい、あるいはおとなしいという表現が合う画づくり、ビビッドは、コントラストは強めで色も鮮やかにしてくれる元気のよい画づくりです。さらに、スタンダード、ニュートラル、ビビッドの初期設定だけではなく、輪郭強調、コントラスト、色の濃さ（彩度）を細かく設定することができます。

　COOLPIXピクチャーコントロールの選択は、月の撮影では満月の頃に月の海をくっきり見せたい時、また惑星の撮影では淡い模様をしっかり見せたい時など、コントラストや色の濃さ（彩度）を調整するのに大変有効です。「第5章 月の撮影テクニック」の「5-8 画づくりを意識して月を撮影する」を参照してください。

■COOLPIXピクチャーコントロールの設定方法

　MENUボタンを押し、撮影メニューからPicture Controlに入ります。

【撮影メニュー（ここではMモード）の中のPicture Control】

　被写体や画づくりに合ったピクチャーコントロールを、スタンダード、ニュートラル、ビビッド、モノクロームから選択します。

【4種類のCOOLPIXピクチャーコントロール】

　さらに詳細に設定したい場合は、マルチセレクターの右側を押します。輪郭強調、コントラスト、色の濃さ（彩度）が調整できる設定画面に入ります。

【詳細設定画面（ここではスタンダード）】

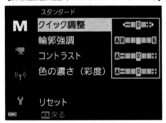

　これは、惑星の淡い模様を強調させたい時などに、スタンダードをベースにコントラストを＋2にした例です。コントラストを強調しすぎると、もともと被写体にはない擬似輪郭が発生することがありますから、それを防ぐために輪郭強調は2に下げています。

　これらの設定は、目的に応じて最適な値が異なりますので、いろいろ試してみるとよいでしょう。

第11章　カメラの詳しい使い方　135

11-3 電子ズーム

　COOLPIX P1000は、光学ズームでは539mm、それは35mm判では3000mmの焦点距離の画角に相当しますが、電子ズームでさらに4Xまで画像を拡大することができます。つまり、35mm判の12000mm相当の画角まで画像を拡大できるということです。

　3000mm相当を越える領域では、純粋に光学レンズが被写体像を拡大しているわけではないため光学的な解像度はあがりませんが、6000mm相当まではダイナミックファインズームと呼び、できるだけ解像感を維持する画像処理が施されています。さすがに電子ズーム4Xの35mm判で12000mm相当の画角になると鮮鋭感は低下しますが、これまで見たことがないような大きな画像を見せてくれる機能は楽しいです。

　ある程度画像処理の心得のある方なら、3000mm相当の画像さえあれば画像処理によって6000mm相当、12000mm相当の画像を作り出すことができるのは簡単と思うことでしょう。確かに画像処理によって同様なことができるかどうかという面からはYESということになりますが、電子ズームの機能の価値は、そういう画像処理をしなくても拡大できると

いうところにあります。

■電子ズームの設定方法

MENUボタンを押し、セットアップメニューから電子ズームに入ります。

【セットアップメニューの中の電子ズーム】

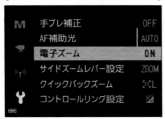

月や惑星をする時には、「する」にしておきましょう。

なお、3000mm相当を超える電子ズームの機能は、セットアップメニューの電子ズームを「する」にしていても、画質で「RAW」を選択している時には働きません。そういう時には、画質を「RAW」以外の「FINE」か「NORMAL」にすれば3000mm相当以上の電子ズーム機能が働くようになります。

一見電子ズームと画質設定の「RAW」が関係しているか理解しづらいと思いますが、RAWというのは「何も手を加えていない生の」という意味です。電子ズームはカメラの中で画像を拡大する機能ですから、すでにRAWということにはなりません。ですから画質で「RAW」を選択している時には、何も手を加えない3000mm相当の焦点距離までの領域に制限している、と考えれば良さそうです。

第11章 カメラの詳しい使い方 | 137

【電子ズームをするに設定】

　モニター上に光学ズームの領域か、電子ズームの領域かが、表示されます。「W（広角）」と「T（望遠）」の間に区切り線があり、それより左側が光学ズームの領域、右側が電子ズームの領域です。下の図のように、ズームを示すバーの色は、光学ズーム領域では白く、電子ズーム領域に入るとダイナミックファインズームの領域では青などの色がついて電子ズーム領域であることがわかります。

【光学ズーム領域（左）と電子ズーム領域（右）】

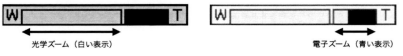

　ズーム操作は、ズームレバーかサイドズームレバーで行います。サイドズームレバーは、MFレバーとして使用できるように設定することができます。設定方法は、本章の「11-11 ピント合わせ」を参照してください。

【ズーム操作を行うズームレバー（左）とサイドズームレバー（右）】

■電子ズームの価値

「撮影時に電子ズームで4倍して撮影するのと、撮影時には電子ズームは使用せずに、あとから画像処理で4倍するのとではどちらがよいでしょうか」という質問があります。答えは、「画質の面ではほぼ同じ」と言ってよいでしょう。ではなぜ、ここで紹介している作品、特に惑星では電子ズームを用いたものが多いのか、それは単純に撮影結果を画像モニターで見た時に、大きい方が気持ちがよいから、大きい方がピントやブレなどの失敗にすぐ気がつくなどのメリットがあるからです。特に木星の縞模様や土星の輪などは、撮影直後に再生画面を拡大しなくても、それなりの大きさに見えるのは楽しいものです。撮影者にとっては、楽しくてもっと撮影したくなるとか、また観望会などの場ではすぐに大きい画像を参加者に見せてあげることができますから、喜んでもらえる可能性がより高くなることでしょう。

下の図は、光学ズームの最長焦点距離である3000mm相当で撮影した土星と、電子ズームの最長焦点距離である12000mm相当で撮影した土星です。大きさの違いは一目瞭然です。

このように単に画質だけではなく、そのまま12000mmもの焦点距離で撮影したのに等しい大きい画像が得られる価値があるということです。筆者も、試している中で気が付いた魅力です。

第11章　カメラの詳しい使い方 | 139

【3000mm相当で撮影（上）と12000mm相当で撮影（下）】

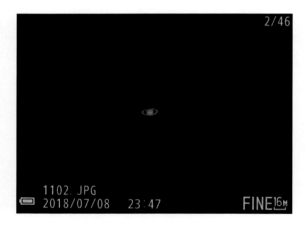

11-4　ISO感度設定

　デジタルカメラの撮影条件を決める要素のひとつにISO感度があります。フィルムカメラを知っている人にはフィルムの感度に相当するもの

と言えば理解頂けると思います。ISO感度を高くすれば、被写体の明るさと絞り値が同じなら、より速いシャッタースピードで撮影することができますし、絞り値とシャッタースピードが同じなら、より暗い被写体を撮影することができます。

では、ISO感度はできるだけ上げて使った方がよいのでしょうか？

答えはNOです。ISO感度を上げるということは、カメラの内部で画像処理によって明るくしているということで、画像に含まれているノイズも増幅してしまうという弊害があります。またISO感度を上げるにつれてダイナミックレンジも下がりますから、できるだけザラザラ見えるノイズを抑制した高画質を得ようとすれば、低感度の方がよいのです。

ですから基本は最低感度が好ましく、COOLPIX P1000の場合はISO100と考えておけばよいでしょう。

ただし、ISO100ではどうしても感度が不足して遅いシャッタースピードを選択しなければならないような場合に、必要な高速シャッターを実現できる程度にまでISO感度を上げるというような使い方が、できるだけ高画質を得るための秘訣です。

具体的な例としては、旅先などで三脚が用意できず手持ちで月を撮影しなければならない時など、カメラの手ブレ補正機能があるとはいえISO100で得られるシャッタースピードでは手ブレの心配がある場合に、手ブレが防止できるシャッタースピードが得られるISO感度に上げる、というような使い方になります。

■ISO感度の設定方法

MENUボタンを押し、撮影メニューからISO感度設定に入ります。

【撮影メニュー（ここではMモード）の中のISO感度設定】

　できるだけ高画質を得るために、特に理由がなければ最低感度のISO 100を設定します。

【ISO100を設定】

　ISO感度設定のAUTOは一般撮影では便利ですが、ここでは画質重視で意図に反して上がってしまうことがないよう感度はISO 100の固定にします。

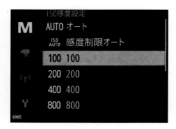

11-5 露出制御

　露出制御の3つの要素は、ISO感度とシャッタースピードと絞り値です。ISO感度を設定すれば、被写体の明るさ（輝度）に応じたシャッタースピードと絞り値により、被写体に最適な露出を実現するということになります。

　カメラに搭載されている露出モードは、大別するとシャッタースピードも絞り値もユーザーが決めるMモードと、カメラが被写体の明るさを測定し、適切な露出に制御してくれる自動露出モードに分類されます。

　自動露出モードには、Pモード（シャッタースピード、絞り値ともカメラ任せ）、Sモード（シャッタースピードを自分で決めて、絞り値はカメラ任せ）、Aモード（絞り値を自分で決めて、シャッタースピードはカメラ任せ）がありますが、月や惑星の場合はMモードがよいでしょう。

　その理由は、最高の解像度を得るという目的から、レンズの口径を最大限生かすこと、レンズの絞り値に依存して発生し、解像度、解像感を低下させる現象である回折の影響を最小にしたいため、できるだけ絞りを開けておきたいということ、また大気の揺らぎの影響を最小にするために速いシャッタースピードを選択できるようにするためにも絞りを開けたいという背景があるからです。ですから、他に理由がなければ絞りは開放にします。

【Mモードに設定されている状態】

Mモードの場合の情報ONの表示画面の例です。情報が何も表示されてない時は、DISP（表示切り換えボタン）を押して表示を情報ONに切り換えます。

　この画面からは、ISO 100、シャッタースピードは1/80秒、設定絞り値はf/8、画質モードはFINE、画像サイズは16M、NR（ノイズ低減フィルター）は低であることが分かります。

【表示画面の例（Mモード）】

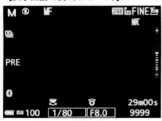

11-6　ホワイトバランス

　どんな照明のもとでも、白いものを白く、正確には無彩色を無彩色に撮影できるようにするために色を調節する機能がホワイトバランスです。
　ホワイトバランスの設定は、大別して4種類の方法があります。
・オートホワイトバランス
・プリセットマニュアルホワイトバランス
・マニュアルホワイトバランス
・色温度設定
　オートホワイトバランスはカメラ任せで調節してもらうもので、2種類あります。AUTO1は、基本的な狙いとしてどういう照明条件下でも白いものは白くしようとするもの、AUTO2は、電球などの暖色系の照明条件下ではその雰囲気を残そうとするものです。本書では、AUTO1の

ことをオートホワイトバランスの代表として話を進めています。

　プリセットマニュアルホワイトバランスは、撮影に使用する光源の照明下、被写体の位置で無彩色の被写体（白紙やグレーチャートなど）を撮影し、カメラが撮影した結果を解析して適切な状態にしてくれるものですが、月や惑星の撮影においては現実的に不可能な方法ですので、本書では言及していません。

　マニュアルホワイトバランスは、晴天、電球、蛍光灯、曇天、フラッシュなど、光源の種類を直接カメラに入力するものです。

　色温度設定は、光源の種類を色温度の数値で直接カメラに入力するものです。

■ホワイトバランスの設定方法

　MENUボタンを押し、撮影メニューからホワイトバランスに入ります。

【撮影メニュー（ここではAモード）の中のホワイトバランス】

　ホワイトバランスのメニューの中には、9種類の選択肢があります。ほとんどの場合はAUTO1か晴天、色温度設定を選択すればよいでしょう。

第11章　カメラの詳しい使い方　145

【9種類のホワイトバランス】

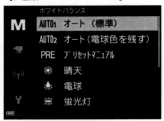 

　色温度を設定するには、色温度設定を選択している状態でマルチセレクターの右側を押します。色温度の設定画面に入ります。

　5200Kはマニュアルホワイトバランスの晴天とほぼ同じ、数字を少なくすると青みが増し、大きくすると赤みが増します。

【色温度の設定画面】

11-7　画像サイズと画質（記録形式の設定）

　画像サイズは、メモリーカードに記録される画素数を指定で、以下の9種類から選択することができます。特に小さいサイズを選択しなければならない理由がなければ、最大の16M 4608×3456を選択しておけばよいでしょう。被写体を4608×3456画素で記録するという設定です。

　画質は、メモリーカードに記録する際に、最も情報量の多いRAWか

JPEGを、またJPEGでは圧縮率を選択するものです。

　COOLPIX P1000に搭載されたRAWで記録できる機能は記録できる情報量は豊富なのですが、撮影後にRAW現像という作業をしなければ一般的にやりとりできるJPEGやTIFF形式のファイルにはなりません。ですので、ひと手間かかるもののより良い画質を得るためのファイル形式と理解しておくと良いでしょう。詳しくは「第12章 さらなる高画質を目指して」で説明します。

　さて、一般的なファイル形式であるJPEGの圧縮率は標準的にはNORMALでよいですが、できるだけ高画質で記録したい場合はFINEを選択します。FINEを選択すると、情報量が多いためにファイルサイズがいくらか大きくなりますが、月や惑星の撮影ではできるだけ多くの情報を記録したいという理由からFINEを選択しておくとよいでしょう。

■画像サイズの設定方法

　MENUボタンを押し、撮影メニューから画像サイズに入ります。

【撮影メニュー（ここではAモード）の中の画像サイズ】

　9種類の選択肢から選択することができます。特に理由がなければ、最大の16M 4608 × 3456を選択します。

第11章　カメラの詳しい使い方　147

【9種類の画像サイズ】

■画質の設定方法

MENUボタンを押し、撮影メニューから画質に入ります。

【撮影メニュー（ここではMモード）の
中の画質】

　選択肢はJPEGで良い場合にはFINEとNORMALの2つ、RAWで記録したい場合はRAWのみ、RAW+JPEG FINE、RAW+JPEG NORMALの3つがありますが、JPEGの場合は画質の面からFINEを選択します。

【FINE を選択している状態】

11-8　手ブレ補正（VR）

　手ブレ補正機能は、カメラの支持方法に応じて使用するかどうかを判断すればよいでしょう。手持ち撮影ではONにし、三脚取り付け時や赤道儀に搭載する時はOFFにするのが基本です。手ブレ補正にはNORMALとACTIVEがあり、さらに構図優先という選択肢がありますが、撮影者が止まってカメラを構えているような、すなわちブレの発生要因が主に手ブレの場合にはNORMALあるいはNORMAL（構図優先）がよいでしょう。

　撮影者が歩きながら撮影する、あるいは乗り物に乗った状態で撮影するような場合は、ACTIVEあるいはACTIVE（構図優先）を選択すると効果的にブレが補正されます。手持ち撮影では、文字通りの手ブレによって、35mm判換算で300mmを越えるような領域ではフレーミングや安定したAF動作が難しくなります。さらに1000mmを越えるような領域では、手ブレ補正機能に依存しなければ月や惑星を画面に捉え続けることすら難しいですから、手ブレ補正機能に頼らざるを得ません。

　COOLPIX P1000で、これまで無理と思われていた35mm判換算で3000mm相当の画角でも、手持ちで撮影できるようになったのは画期的と言えるでしょう。

■手ブレ補正の設定方法

　MENUボタンを押し、セットアップメニューから手ブレ補正に入ります。

【セットアップメニューの手ブレ補正】

　下図の設定では「しない」を選択しています。三脚や赤道儀に取り付けている場合はこのように設定します。

【手ブレ補正がOFF（しない）の状態】

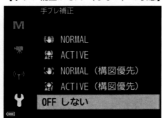

11-9　リモコン／セルフタイマー

　カメラを三脚に取り付けたり赤道儀に搭載して超望遠の画角で撮影する場合、手でシャッターボタンを押すことでカメラに振動を与えないように、リモコン（ML-L7）を使用するのが有効です。リモコンがない場合は、セルフタイマーでシャッターを切ることも有効です。

150　第11章　カメラの詳しい使い方

■リモコンの設定方法

　リモコン（ML-L7）を使用する場合は、メニューから［通信メニュー］を選択し、［接続先切り替え］でリモコンを選択します。次に［リモコンとの接続］を選択しOKボタンを押すとカメラはペアリングの待機状態になります。画面の指示に従ってリモコンの電源ボタンを3秒以上押すことでカメラとリモコンのペアリングが始まりリモコンの状態表示ランプが約0.5秒間隔で点滅し、ペアリングが完了すると画像モニターにリモコンマークが表示されます。

　リモコンを用いれば、カメラに手を触れることなくレンズのズーミング、またシャッターボタンを押したり、動画の録画開始や停止だけでなく、MF時にはフォーカシングでできるため、特に超望遠撮影では大変重宝します。

　レンズのズーミングには、−ボタン／＋ボタンを使います。撮影画面の表示中、−ボタンを押すと広角側に、＋ボタンを押すと望遠側にズームします。

　撮影には、静止画撮影の場合名はシャッターボタンを、動画撮影のスタート、ストップには動画撮影ボタンを押します。ただし、シャッターボタンには半押しや長押しの機能はありませんので、連続撮影はできませんのでご注意ください。

　マニュアルフォーカス時には、マルチセレクターの▲▼でピント合わせを行うことができます。リモコンのOK（決定）ボタンを押すと、設定したピントに固定できます。

　その他、リモコンのマルチセレクターではカメラのマルチセレクター同様、画像モニターが撮影画面になっていればセルフタイマー、フォーカスモード、AE時には露出補正なども可能です。詳しくは、ニコンのサイトで公開されている［COOLPIX P1000活用ガイド］で確認してください。

【接続先の切替でリモコンを選択】

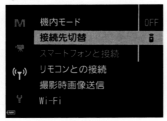

【リモコンとの接続】

■セルフタイマーの設定方法

　リモコンがない場合は、撮影時にできるだけカメラブレを防ぐためにセルフタイマーを利用します。マルチセレクターの左側を押せば、セルフタイマーの時間が選択できますので、カメラのシャッターボタンを押してからシャッターが切れるまでの時間として、10秒（タイマーに10sのアイコン）と3秒（タイマーに3sのアイコン）を選択します。

　セルフタイマーは、手でシャッターボタンを押してスタートさせます。カメラを支持している三脚や赤道儀の強度によって、シャッターボタンを押した時の振動が収まるまでの時間が違いますので、堅牢な三脚や赤道儀で振動がすぐに収まる場合には3秒でも大丈夫ですが、振動が収まるかどうか心配な場合は10秒にしておきます。

【セルフタイマーの設定】

　また、セルフタイマーの設定は1枚撮影すると解除されるのが初期設定なのですが、何枚も連続してセルフタイマー撮影をしたい時のために［セットアップメニュー］で［セルフタイマー解除設定］ができるようになりました。連続して何枚もセルフタイマー撮影する場合にはセルフタイマー解除設定を［OFF撮影後に解除しない］を選択しておくと便利です。

　本章の「11-8 手ブレ補正（VR）」でも説明しましたが、リモコン撮影やセルフタイマー撮影ができるような、カメラを三脚や赤道儀に搭載している状態では手ブレ補正をOFFに設定しておきましょう。

11-10　画像の再生と確認

　撮影画像を表示するには、背面の再生ボタンを押します。
　マルチセレクターの右側を押すかマルチセレクターを時計回りにまわすと、次の再生画像へと進みます。マルチセレクターの左側を押すかマルチセレクターを反時計回りに回すと、前の再生画像へと戻ります。
　再生画面には3種類の表示スタイルがあります。背面のDISP（表示切り換え）ボタンで必要な画面を呼び出します。

【再生ボタン（左上）とDISPボタン（右上）】

【撮影情報の表示なし】

【撮影情報の表示あり】

【詳細な撮影情報の表示あり】

再生時にはズームレバーで画像を拡大することができます。
　ピントが合っているかどうかを確認するには、最適な大きさまで拡大すると確実です。

【等倍表示（左）と拡大表示（右）】

ズームレバーで最大サイズまで拡大すると、ピントや大気の揺らぎによる画像の劣化がよくわかります。

【最大サイズまで拡大して表示】

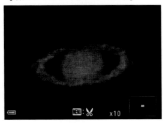

第11章　カメラの詳しい使い方　155

11-11　ピント合わせ

　ピント合わせをするためのフォーカスモードには、通常 AF、マクロ AF、遠景 AF、マニュアルフォーカス（MF）の4種類があります。
　一般の被写体には、レンズから数 10cm〜無限遠までピントが合う通常 AF や、被写体に近づいて撮影するためのマクロ AF が有用ですが、被写体が月の場合は遠景にあることが分かっていますから遠景 AF を選択しておきましょう。ピント合わせの動作で、無駄な動きをさせずに済むからです。天体撮影の場合は遠景 AF が便利ですが、そのまま一般撮影すると被写体が近い場合にはピントが合いませんから、撮影後は通常 AF に戻すのを忘れないようにしましょう。
　月などの大きい被写体に対しては、ほとんどの場合 AF でピント合わせが可能ですが、惑星など被写体が小さい場合には思い通りにピントが合わない可能性が高いですから、何回かシャッターボタンを半押しして AF させようとしてもピントが合わない場合には MF にします。

■フォーカスモードの設定方法
　フォーカスモードの選択は、ボディ背面のフォーカスモードセレクターで行います。
　フォーカスモードセレクターの指標を AF にすればオートフォーカスに、MF にすればマニュアルフォーカスになります。

【マルチセレクターの下側】

ここでは、月などの撮影に便利な遠景AFを選択しています。

【遠景AFを選択している状態】

■MFを快適に利用する方法

　遠景AFなどのAFでうまくピント合わせができない場合はMFにします。MFの時にピント合わせをするのは、通常はマルチセレクターを時計方向や反時計方向に回す、あるいはコントロールリングを回すことによって行いますが、サイドズームレバーでピント合わせをすることができるようにも設定できます。筆者の経験からは、COOLPIX P1000を三脚に取り付けていて1000mm相当以上の超望遠領域で撮影する時には、サイドズームレバーをMFレバーにするとコントロールリングよりもピントの微調節がしやすくなることがありましたので、ぜひみなさんもお試し下さい。

　MENUボタンを押し、セットアップメニューからサイドズームレバー設定に入ります。ズームレバーとMFレバーを選択する画面で、MFレバーを選択します。

【サイドズームレバー】

【セットアップメニューのサイドズームバー設定(左)と選択画面(右)】

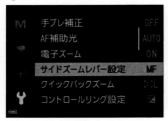

　また、MFでのピント合わせはなかなか難しいため、COOLPIX P1000には2つのサポート機能が搭載されています。1つは画面を拡大する機能、もう1つはピーキング表示です。

　画面を拡大するには、マルチセレクターの左側を押します。2X→4X→1Xと拡大率が変化します。ピント合わせをしやすい倍率を選んでピント合わせをするとよいでしょう。カメラを三脚に固定している場合や赤道儀に搭載している場合は、じっくりピント合わせができますから4Xにすると正確にあわせることができます。

　ピーキングは、「ピントが合えば画像のコントラストが高くなる」という性質を利用して、被写体の画像の中のコントラストの高いところ白色で強調表示してくれる、ピント合わせのサポート機能です。

　ピーキングのレベルはマルチセレクターを上下に押すことで変更することができます。画面左の表示の0はピーキングの機能がOFFの状態で

す。レベルを1から5に向かって数字が大きくするにつれて、低いコントラストでもピーキングの機能を働かせることができるようになります。被写体のコントラストが低い場合にはピーキングレベルを4や5に上げて、被写体のコントラストが高い場合にはピーキングレベルを1や2に下げてピント調節をするとよいでしょう。

ただし、ピーキングの機能はあくまでも画像のコントラストからピントの合致度合いを推測しているだけですので、最終的なピントの確認は撮影した画面を再生して行います。

【フォーカスモードがMF時のピント合わせの画面】

ピント合わせを行う時の、マルチセレクターの操作と機能は以下の通りです。ピントが合えばOKボタンを押します。

【ピント合わせ時のマルチセレクターの操作】

操作	機能
上下	ピーキングレベルを設定できます。
左	1X → 2X → 4X → 1X →……と、画面の拡大率を変更できます。
右	AFさせることができます。
回転	MFのピント位置を変更できます。

第11章　カメラの詳しい使い方　159

11-12　ノイズ低減フィルター

　デジタル画像の場合、画面がザラザラ見えるノイズは嫌われますので、それを抑制する機能がノイズ低減フィルターです。

　ノイズは、ISO感度設定が高感度になるにつれて増加する傾向がありますから、高感度に設定する場合には効果的に使いたい機能です。一方、ノイズ低減フィルターを強くかけると、ノイズなのか実際にある被写体の情報なのか識別できないような場合にノイズとして処理される可能性があるため、多少ノイズが残っていても被写体の情報を取り出したい場合は、ノイズ低減フィルターを控えめにします。

　本書で推奨している撮影方法では、もともとノイズが少ない最も低感度であるISO100を基本にしていること、被写体の情報は多少ノイズが残っても極力取り出したいという理由からノイズ低減フィルターは「弱め（NR−）」を選択しておくとよいでしょう。

　ノイズが気になるようであれば、「標準（NR）」や「強め（NR＋）」を選択してください。

■ノイズ低減フィルターの設定方法

　MENUボタンを押し、撮影メニューからノイズ低減フィルターに入ります。

【撮影メニュー（ここではAモード）の中のノイズ低減フィルター】

ここでは、ノイズ低減フィルターを「弱め (NR −)」にしています。

【ノイズ低減フィルターの設定画面】

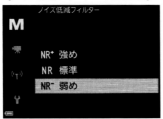

11-13 シーンモード［月］

　COOLPIX P1000にはシーンモードの1つに［月］があります。このモードに設定すると、難しい設定をしなくても、簡単に迫力のある月の撮影が可能です。
　画面の中の月が、月齢によらずちょうどよい大きさに写る35mm判換算で2000mm相当などのあらかじめ設定した焦点距離にワンタッチで設定できるだけでなく、色を簡単に調節できるのが特徴です。
　シーンモード［月］については「第5章 月の撮影テクニック」の「5-10 シーンモード［月］で撮影する」でも紹介しています。

■シーンモード［月］の設定方法
　撮影モードダイヤルをシーンモードの月マークに合わせます。

【撮影モードダイヤルを月マークに合わせる】

　35mm判換算で2000mm相当などのあらかじめ決めておいた画角がフレーミング枠として表示されますので、月をフレーミング枠の中に入れます。フレーミング枠が小さいときは、ズームレバーを望遠側に動かしてフレーミング枠を拡大すると月を入れやすくなります。
　OKボタンを押すと、あらかじめ決めておいた超望遠画角まで一気に被写体を拡大することができます。

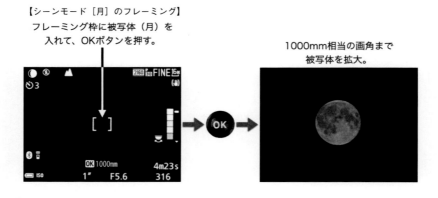

【シーンモード［月］のフレーミング】
フレーミング枠に被写体（月）を入れて、OKボタンを押す。

1000mm相当の画角まで被写体を拡大。

　コマンドダイヤルを回すと、月の色を調節することができます。

【月の色の調節】

　また露出補正で、月の明るさを調整できます。

第12章　さらなる高画質を目指して

　この章では、いわゆる撮って出しではなく、撮影後にRAW現像などの画像処理をすることで、COOLPIX P1000のポテンシャルを最大限引き出して、より高画質な画像を得ることを試みます。ですからこれより先の内容は、カメラの機能と性能を紹介するというより、撮影後に筆者が画像処理によって［ここまで画質の向上ができました］という事例の紹介です。ここで用いているものとは違う画像処理ソフトを用いたり、スキルの高い方が処理を行えば、さらに良い結果が得られると思いますが、画質向上のためのひとつのヒントとしてご覧ください。

12-1　高画質化へのいくつかのアプローチ

　まず、最終的に静止画を得ることを目的とし、これまで説明してきた静止画1ショットの撮って出し以外のいくつかの仕上げ方について説明します。

　［静止画を得るためのさまざまな手順］をご覧ください。撮って出し以外の3つの方法を掲げてみました。

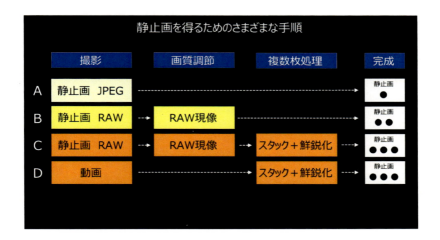

　Aは、ここまで説明してきた撮って出しです。撮影時点ですべてが決まりますから撮影前に慎重な設定が求められますが、撮影すればすぐに使えるJPEGファイルが得られるなど大変便利で最も一般的な手順です。画質や作業性においてはこれから紹介する方法の基準になるものです。

　Bは、撮影時にRAWで記録しておき、RAW現像の段階でソフトの力も借りながら、より高画質、より意図どおりの画像に仕上げるための手順です。チャートの［完成］のところには、作業全体の負荷のイメージを●の数で表していますが、AよりはRAW現像の作業があることから●はふたつです。

　RAWでの記録は、光学ズームで最も拡大できる3000mm相当の画角まで可能なので、筆者は月の撮影に多用しています。

　Cは、Bで撮影→RAW現像処理をして仕上げたファイル（TIFFが基本）を複数枚用意し、それらをスタック（コラム参照）と呼ばれる画像の重ね合わせ処理をした上で鮮鋭化を図る手順です。

スタック処理

　スタック処理は、同一の被写体を撮影した複数枚の画像ファイルを用い、位置合わせをした上で重ね合わせの処理をして、最終的に1枚の画像を得る方法の名称です。画像のノイズ低減に効果があるだけでなく、天体の拡大撮影においては大気の揺らぎによって1枚1枚の画像では被写体が変形していても、それらを平均化してくれるというメリットもありますので、スタックのあと上手に鮮鋭化処理をすると、ノイズが少なく非常に鮮鋭感のある画像に仕上げることができます。

　このスタック処理は、手作業では非常に手間がかかる作業ですので、そういう機能が搭載されたソフトウェアを用いて行います。

　RAWから現像してTIFFファイルを作り、そのTIFFファイルをスタックするのは3000mm相当以下ということで、筆者はBと同様に月の撮影に多用しています。

　負荷については、目的に応じていくつかのソフトを使わないといけないことや、数10枚から数100枚の複数枚の画像を処理する関係で●を3個付けました。

　Dは、3000mm相当よりも望遠側で撮影したい惑星の撮影で使っている手順です。電子ズームで10000mm相当などの画角で撮影する場合、地上から撮影する以上、大気の揺らぎを避けることはできません。できるだけ高精細な画像を得ようと思えばできるだけ多くの枚数をスタックしたくなり、静止画をたくさん撮るよりは動画で撮影する方が効率が良いのです。

　スタックの作業は、すぐれたソフトを使えば複数枚の静止画でも動画ファイルでも同様に行うことができるため、動画だから難しいということにはなりません。

　負荷については、Cと同じ理由から●を3個付けました。

AからDのそれぞれの手順について、必須の道具、あると便利な道具、知っておきたい知識、獲得したいスキルをポイントとして整理してみました。

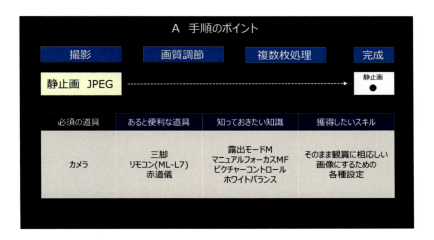

第12章　さらなる高画質を目指して ｜ 167

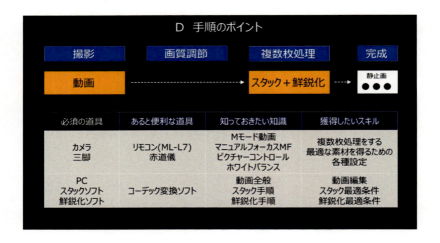

　ここで注目しておきたいのは、B、C、Dについては、［知っておきたい知識］と［獲得したいスキル］が多岐にわたっていることです。これは、見方を変えれば、知識次第、スキル次第で結果が大きく変わるということを意味しています。

本書では、執筆時点までに筆者がトライしてきた方法と結果を紹介しますが、特にスタックやスタック後に鮮鋭化するためのソフトの進化や最適なパラメーターを選択する作業者のスキルが向上すれば、最終的に得られる画質も向上することは容易に想像されますので、あくまでも［こういうソフトを用いて、こういう処理をすれば、こういう結果が得られました］という事例として紹介したいと思います。ここで紹介していない高機能のソフトを用いてスキルの高い人が処理すれば、もっと良好な結果に仕上げることができるかもしれないということです。

12-2　RAWから仕上げる　月

　COOLPIX P900からCOOLPIX P1000への進化のひとつに、画質の設定でRAWが選択できるようになったことがあります。まずRAWで記録する価値について概観しておきましょう。
　RAWは、撮像素子から出力された生（RAW）の画像を記録できるもので、以下の特徴があります。

・長所
　・撮影後に行うRAW現像処理によって、ホワイトバランスやコントラストなどの画質調節をじっくり行うことができる
　・現像後、JPEGファイルよりも情報量が多いTIFFファイルに変換することができる
・短所
　・ファイルサイズがJPEGファイルよりも大きい
　・一般的な使用目的ではJPEGファイルが使われることが多いが、JPEGファイルにするためにはRAW現像処理が必要

　簡単に言えば、RAW現像という手間はかかるものの、「意図通りの画

質に仕上げることができて、情報量の多いTIFFファイルにすることができる」という価値があるということです。

　多くの方にとっては、PCやインターネット上ですぐに使えて画質面でも実質的に十分なJPEGファイルは取り扱いやすいものですが、天体写真の場合は撮影後に画像を見ながらより魅力的な作品に仕上げるための画質調節がじっくりできるとか、もっと高度な処理のための素材として使いたいというような場合には、RAWで記録できるということは大きなメリットがあるのです。

　RAWファイルは文字通り加工されていない生のファイルですので、RAW現像という画質調節を含む処理をして一般的に使えるファイル形式に書き出します。そのためにはPCとソフトが必要ですが、ニコンから無償で供給されているCapture NX-Dを用いればRAW現像することができます。

　それでは、手順 [B] で月の画像を仕上げる場合の、撮影からRAW現像に至るポイントを整理しておきましょう。

■撮影時の注意
　ISO感度は、ノイズ抑制とダイナミックレンジ確保の観点から、手持ち撮影でできるだけ露出時間を短くしたいというような必要がない限り、最低感度のISO 100にしておくと良いでしょう。

　撮影に際して注意しておかなければならないのは露出レベルです。色に関係するホワイトバランスや、コントラストや全体の画質に関係するピクチャーコントロールなどはRAW現像の段階で調節できるのですが、露出レベルも多少コントロールはできるもののオーバーやアンダーでは救済不可能になることもあるため注意が必要なのです。その露出レベルを適切なものにするためには、ヒストグラムを表示させて、右側のハイライト部が右端に到達せず、左側のシャドウ部が左端に到達しないよう

にするのがポイントです。

　ホワイトバランスとピクチャーコントロールは、設定されているものがサムネイル画像に反映されますし、Capture NX-DでRAWファイルを開いたときにもそれらが反映されたものがまず表示されますが、RAW現像のプロセスで調節できます。

■RAW現像の手順

Capture NX-Dの概要

　まずCapture NX-Dについて紹介しておきましょう。Capture NX-Dは、ニコン独自のRAW（NEF／NRW）ファイルを現像するためのソフトウェアです。RAW現像時に、ホワイトバランス、露出、ピクチャーコントロールなどの設定を、画質を劣化させることなく変更できます。また、トーンカーブ、明るさ、コントラストの調節、画像に写りこんだゴミや不要部分の除去など、画像処理ソフトウェアとしての機能も多く実装されています。

　Capture NX-Dは、ニコンのサイトから無償でダウンロードできます。

https://www.nikon-image.com/products/software_app/lineup/capture_nxd/

　本書では、Capture NX-Dの使い方を「月の画像の画質調節」に焦点を当てて説明しています。Capture NX-Dの基本的な使い方および詳しい使い方については、ソフトウェアのヘルプ（使用説明書）を参照してください。

　インストール後に［ヘルプ］メニューの［Capture NX-Dヘルプ］を選択すると、ブラウザで読める「Capture NX-Dヘルプ」もしくはPDF形式の「Capture NX-D使用説明書」を選択できます。PDFはパソコンやスマートフォンにダウンロードすることも可能です。

　以下、おすすめのワークフローに沿って説明していきます。RAW現像の手順にルールがある訳ではありませんから、みなさんがご自分の作

法を確立されると良いと思いますが、ここでは筆者が「できるだけ後戻りをしなくても済む」手順として行っているものを紹介します。

ピクチャーコントロールの選択

まずピクチャーコントロールを選択するのは、露出レベルを確認するためにヒストグラムを見る上でもピクチャーコントロールが影響するからです。

月の場合、前半でも書きましたが、月齢によって見栄えのする画像にするための調節の方向が違います。

満月に近い月は、明暗境界のクレーターよりも海と呼ばれる大きな模様がどう見えるかが印象を決定づけます。ですので、一般的にはコントラストを上げて海と陸のメリハリをつけると見栄えが良くなります。ピクチャーコントロールとしては、スタンダードかビビッドが選択肢でしょう。

一方、上弦や下弦の月のような半月に近い時は、明暗境界に並ぶ大きなクレーターの影が長く伸び、それが立体感に繋がっています。また明るい月の縁と明暗境界では明るさに大きな差があって、階調をどう整えるかが半月の頃の見栄えを左右するポイントです。筆者の好みとしては、ハイライト部は飛ばさず、明暗境界のシャドウ部は潰さずに、中間調の階調を整えてメリハリをつけるようにしています。そういう表現意図にふさわしいピクチャーコントロールは、シャドウ部を潰さないという意味でニュートラルが良いでしょう。

露出補正

ピクチャーコントロールを決めたら、次は露出調節です。露出レベルは、ヒストグラムを見ながらハイライト部が右端にぶつからず、月の欠け際が潰れてしまわないように調節します。シャドウ部の大半は、月の周りの真っ暗な空ですから、ヒストグラムでは左端にくっついています

が、それは気にしなくて良いです。筆者はさらに、ヒストグラムの山を、左右方向のちょうど真ん中に持ってくるようにしています。月の明るさの重要な部分が、ちょうどヒストグラムの真ん中付近にすることで、月齢の違う月の画像を並べたときに印象が揃うだけでなく、階調再現上視覚的に重要な領域なので見た目にメリハリがつくという効果も期待できるからです。

ホワイトバランス

　ホワイトバランスは、月の色をどう見せるかに関係していますから大切です。撮影時に慎重に設定したとしても「もう少し赤みがない方が良かった」などということがありがちなので、RAW現像の段階でじっくり仕上げることができるのは好みの色に仕上げるのに大変ありがたいことです。

　RAW現像時に使うホワイトバランスとしては、オートホワイトバランスのAUTO1、AUTO2、晴天、色温度設定が選択肢でしょう。AUTO1は、実際の月の色がどうであれ色を無彩色にするような機能が働きますから、見えている月が黄色っぽくても白っぽくしてくれます。

　また、見たままに近い色が再現できるという点からは、照明光が太陽であることから「晴天」を選択しても良いでしょう。ただし晴天を選択すると、撮影時の天候、正確には大気の透明度によって思いの外赤っぽいという感じることがあります。

　筆者は、自分の好みの色にしたい時には、色温度設定を用いることが多いです。モニター上で月の色を確認しながら、ストレートに色を決めるということです。

トーンカーブ

　トーンカーブは、必要によって使います。全体の階調はピクチャーコントロールで設定できますから、階調の特定の領域を調節したい時に使

第12章　さらなる高画質を目指して

えば良いでしょう。

　筆者は、半月の頃の月の画像に対して使うことが多いです。ポイントは3つです。
・ハイライト部が飛ばないように適切に抑え込む
・シャドウ部が潰れないように持ち上げる
・中間部分はメリハリをつけるためにコントラストを高める

ノイズリダクション

　最後にノイズリダクションの調節をします。ノイズリダクションの最適化は、完成した画像をどのようなデバイスで、どういうサイズで見せるかということに深く関係しており、そういう出力デバイスや鑑賞条件を前提に行うことが望ましいからです。背景には、ノイズリダクションという機能がノイズを減らしてくれる一方、被写体の微細な構造を溶かしてしまうということとセットになっているということがあります。大きなプリントにして展示する場合などは、100%拡大表示でノイズを目立たなくした方が良いでしょうし、一般的なディスプレイでの100%に至らない拡大率での鑑賞などではノイズの影響はほとんど分かりませんから、ノイズリダクションはかけすぎない方が被写体の情報を残すことができます。

　ノイズリダクションの使い方に原則というものはないのですが、筆者はCapture NX-Dの処理方法で「高画質2013」選択した上で、以下のような考え方で処理しています。
・できるだけノイズリダクションはかけないようにする
・表示方法や鑑賞条件を想定して、気になるようなノイズだけ低減する
・カラーノイズは気になることが多く、輝度ノイズはあまり気にならない傾向があるため、カラーノイズが気になる場合は慎重に対応する

　以上、RAW現像の際に画質に影響を与える要素の中でも影響が大き

いピクチャーコントロール、露出補正、ホワイトバランス、トーンカーブ、ノイズリダクションについて筆者の手順と考え方を紹介しましたが、これが正解というものではありません。

またCapture NX-Dには解像感をコントロールするアンシャープマスクや、色相別に色の調節ができるLCHエディタのような機能もついています。ですので、みなさんの表現意図に応じていろいろな機能を駆使しながら目標の画質を実現してください。

● Capture NX-Dで画像ファイル（RAW）を開いたところ

第12章　さらなる高画質を目指して　175

●ピクチャーコントロールを選択しているところ。被写体のハイライト部とシャドウ部が再現できるかどうかに注目する

●半月は明暗部の差が大きいので、ピクチャーコントロールはニュートラルを選択した。ヒストグラムを見ると、ハイライト部を含む山全体が少し左に動いたのがわかる

●ホワイトバランスは晴天を選択し、露出補正はハイライト部に余裕を持たせるために－1/3EVにした

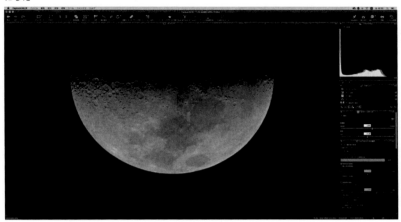

●ホワイトバランスは選択した晴天をベースに赤みを抑制するために5000Kにした

●［レベルとトーンカーブ］の調節画面で、ハイライトは飛ばさず、シャドウはつぶさないようにした上で、月の海の模様が印象的になるように中間調のコントラストを高めた

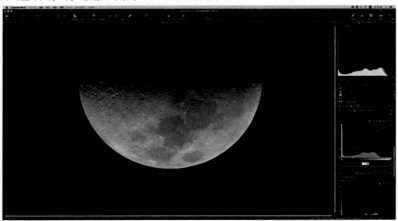

●ノイズリダクションで、輝度適用量0、カラー適用量50の場合。鮮鋭感を維持しつつノイズが適度に抑制されているのがわかる

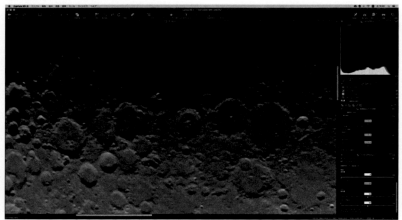

●ノイズリダクションで、輝度適用量100、カラー適用量100の場合。ノイズは抑制されているものの、微細構造が識別しにくくなった。よほど大きくして見ないのであれば、できるだけノイズリダクションはかけない方が良いことがわかる

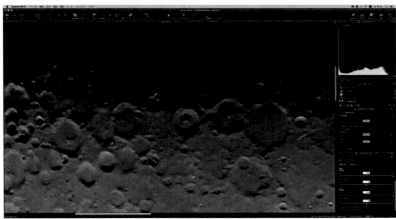

●「ファイル変換」で目的のファイル形式を選んで出力する。できるだけ画質を劣化させたくなければ、TIFF形式(16ビット)を選択すればよい。SNSにアップしたりメールに添付する場合はJPEG形式が便利だ

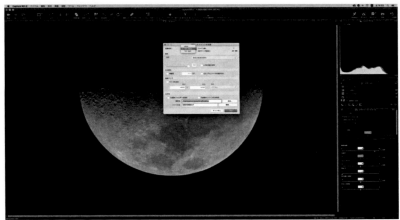

第12章　さらなる高画質を目指して 179

●JPEG方式は画像を圧縮して保存できるのがメリットだ。小さい画像で鑑賞する場合には、圧縮率の違いはほとんどわからない。100％拡大で、上からJPEG（20）、JPEG（80）、TIFF16bit

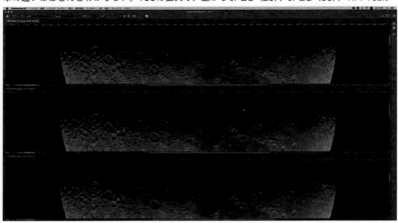

●400％まで拡大すると、圧縮率の違いが見え始める。上からJPEG（20）、JPEG（80）、TIFF16bit

●800%まで拡大すると、JPEGの圧縮にかかわるブロックのノイズが見えてくる。できるだけ良好な画像を保存したい場合、大きなプリントやトリミングする可能性がある場合はTIFFを選択したい。上からJPEG（20）、JPEG（80）、TIFF16bit

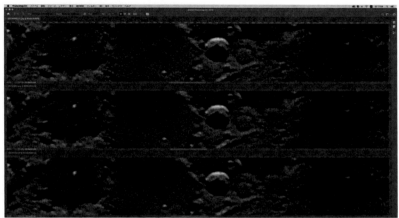

●完成画像。ハイライト部を飛ばさずに、またシャドウ部をしっかり出した上で、中間調のコントラストを高めたため、望遠鏡で見た時の印象に近いものになった。あまり拡大して鑑賞する予定はないため、ノイズリダクションはかけていない

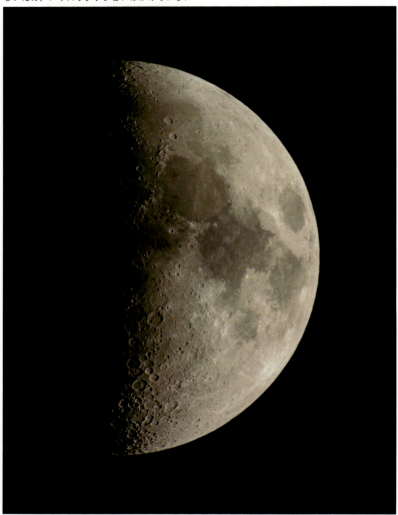

12-3　RAWで複数枚撮影し画像処理して仕上げる　月

手順Cの、手順Bに対する違いは、以下のとおりです。

・長所
　・S/Nが改善され低ノイズ
　・大気の揺らぎによる被写体形状の変化が平均化される
　・揺らぎが平均化され、かつS/Nが向上した画像から鮮鋭化処理ができる
・短所
　・画像処理に応じたソフトウェアが必要
　・処理に時間がかかる
　・処理する人の考え方とスキル次第で結果に違いが出る

■撮影時の注意

基本的に手順Bと同じです。

ひとつ違いがあるのは、複数枚の処理によりノイズ低減ができますから、ISO感度の設定で手順Bほど低感度にすることにこだわる必要はありません。一方でダイナミックレンジをしっかり確保しておきたいというのは変わりませんから、最低感度でなくても良いものの、できるだけ低感度を目指すという考え方が良いでしょう。

撮影する枚数は、原理的には多い方が良いのですが、1600万画素の画像を何枚も処理するのにはPCを用いて長時間の処理が必要になります。複数枚の画像を用いることによる画質改善の効果と作業負担のバランスを考えることになりますが、筆者はひとつの目安として手順Cで月の画像を処理する場合は10枚から100枚程度を目安にしています。後述する手順D（惑星）の場合は1000枚が単位になりますが、そのあたりは、素材として1枚1枚が、特にノイズの面などでどういう画質なのかによって

第12章　さらなる高画質を目指して　183

決めています。ノイズが目立つ場合は、ノイズを低減させるために多くの枚数（1000枚以上）が必要ですが、ノイズが比較的少ない場合は、それほど多くの枚数は必要ない（100枚程度）ということです。最低10枚あれば、複数枚を処理する効果が感じられます。

■RAW現像の手順

　ここでも基本的には手順Bと同じなのですが、ノイズリダクションと輪郭強調については配慮しておくと良い結果に繋がります。

　1枚の画像で仕上げる場合には、前述のように出力デバイスや鑑賞条件に応じて最適化する必要がありますが、ここでRAW現像するファイルは、それがそのまま作品という訳ではなく「これから複数枚の処理をするための素材」ですので、最良の素材を作ることが狙いになります。

　色や階調については手順Bと同じなのですが、ノイズは複数枚画像をスタック処理することにより低減されますから「ノイズが多少目立っても被写体の情報が残っていることが望ましい」ということになりますし、解像感に関しては「過剰な輪郭強調処理により、本来被写体が持っている状態より強調した画像にしない」ということが大きなポイントになります。輪郭強調をしないとメリハリのない画像になってしまうのではないかと不安になるかもしれませんが、最適な画像にするための解像感の調節は複数枚の画像をスタック処理してS/Nを高めたのちに行いますから心配は無用です。

●ノイズリダクションで、輝度適用量100、カラー適用量100の場合。ノイズは抑制されているものの微細構造が識別しにくくなり、被写体の情報が減っている。複数枚処理のための素材としては、最も好ましくない画像

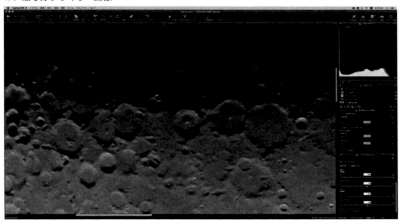

●ノイズリダクションで、輝度適用量0、カラー適用量50の場合。ある程度の鮮鋭感が維持され、ノイズが抑制されているためバランスが良い画像。ただし、複数枚処理のための素材画像としては、もう少し細部の状態を残したい

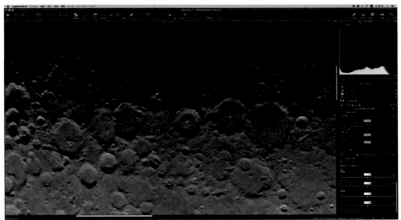

●ノイズリダクションで、輝度適用量0、カラー適用量0の場合。ノイズリダクションをかけていないため、ノイズは目立つが月面の地形の詳細情報は一番残っている。複数枚処理をする素材の画像としては最も望ましい

■複数枚処理　スタック

　ここでいう複数枚処理とは、画像の位置合わせをしながら重ね合わせをすること（以下スタック）を指します。狙いは、大気の揺らぎによって1枚1枚の画像は被写体の形が変形していても重ね合わせをすることで平均化できることと、S/Nを向上させることです。こう書くと大変な作業に聞こえるのですが、天体写真ファンが提供してくれているソフトがあり、それを利用すれば簡単にできてしまいます。

　ここでは、筆者が利用しているスタックのための専用ソフトウェアAutostakkert!3を利用した事例を紹介します。Autostakkert!3は、一般的には「動画ファイルの各フレームをスタックするためのソフトウェア」として知られていますが、今回は静止画のスタックに利用しています。

　　「Autostakkert!3」について

　　　Autostakkert!というソフトは、Emil Kraaikamp氏らが開発し公開

186　第12章　さらなる高画質を目指して

している、動画をはじめとする複数枚の画像をスタックするのための Windows用ソフトウェアです。

https://www.autostakkert.com/wp/download/

　最新版は2019年5月時点で2.6.8（32bit版）のAutostakkert!2、β版としては3.0.14（64bit版）のAutostakkert!3が公開されており、本書ではAutostakkert!3を用いてスタック処理をしています。

　スタックソフトとしては、スタック機能だけでなくWaveletなどの画像の鮮鋭化機能が強力なRegistaxも有名ですが、スタック機能についてはスピードが速いなど強力であることからAutostakkert!を使用しました。

●Autostakkert!3を起動した画面。まず［OPEN］ボタンを押す

第12章　さらなる高画質を目指して　187

● ［OPEN］で、読み込むファイルを特定しているころ。［ファイルの種類］で［Image Files］を選択すると静止画を読み込むことができる。ここでは、RAWファイルから現像した一連のTIFFファイルをすべて選択した

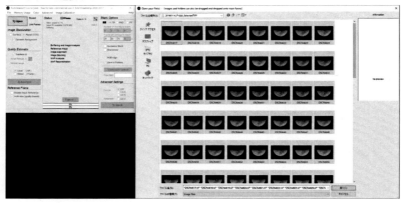

● ［Frame View］画面に最初の画像が表示される。月の場合は［Image Stabilization］で［Surface］を選択し、表示された画像の上の［Image Stabilization anchor］は画面の適当なところにセットする。画面中央のままでも模様があれば問題はないようだ

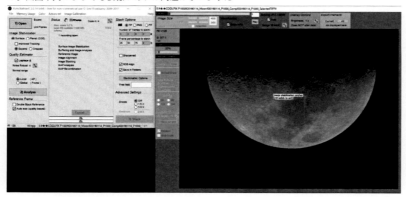

188 | 第12章 さらなる高画質を目指して

● ［Analyze］で、画像の解析をスタートさせる

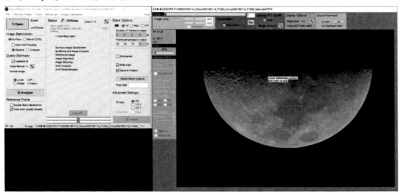

● 解析が完了すると、フレームごとの画質の評価結果がグラフ表示される

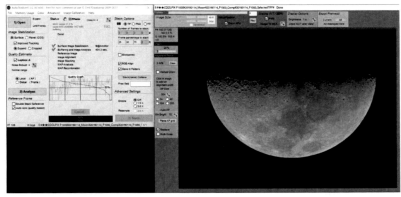

第12章　さらなる高画質を目指して

●アライメントポイントを設定する。「Place APs in Grid」を使用すれば、「Min Bright」の数字よりも明るい被写体領域で、アライメントポイントを自動的に設定してくれる。アライメントポイントのサイズも設定できるが、月の場合、画素数とか撮影時のシーイングを考慮して決めるが、まずは200で試してみると良い。スタックに際しては、上位何％の画像をスタックするかを指定する場合は「Stack Options」で［Frame percentage to stack］に適当な数値を設定する。図は、25％、50％、75％を選択した例

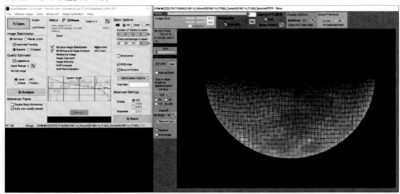

●スタックに際しては、上位何枚の画像をスタックするかを指定する場合は「Stack Options」で［Frame percentage to stack］に適当な数値を設定する。図は、4枚、16枚、64枚を選択した例。あとは、［Stack］を指示すれば、時間はかかるが処理が完了するのを待てばよい

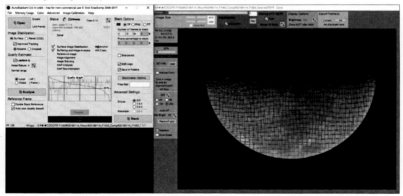

190 | 第12章 さらなる高画質を目指して

■複数枚処理　鮮鋭化

　鮮鋭化処理は、スタックによって大気の揺らぎが平均化され、S/Nが向上した画像から、周波数解析手法のWavelet変換を用いる方法や、一般的な画像処理ソフトウェアによるアンシャープマスクを用いる方法があります。

　ここでは、筆者が月面画像に対して行っているAdobe社のPhotoshop CCによる事例を紹介します。

　スタックによって得られた画像は、ノイズが極めて少ないものの鮮鋭感の乏しい画像です。ここでは、半径と量を変えながら何回かアンシャープマスクを使いました。

　アンシャープマスクの機能は、［フィルター］［シャープ］［アンシャープマスク］で呼び出します。ここでのポイントは、半径と量をどのようにすれば良いかということで、使用している光学系や撮影時の大気の状態によって最適な値が違ってきます。筆者の経験では、COOLPIX P1000で3000mm相当で撮影した月の場合、半径2.0pixelで量50%→半径1.0pixelで量100%→半径0.5pixelで量200〜300%で処理してみて、鮮鋭度の回復とか、ノイズの出方を確認し、必要があればパラメーターを設定し直すというトライアンドエラーをしています。

　半径を変えながら何回かアンシャープマスク処理をするのは、高周波(=微細な模様)ほど光学系でも大気の影響でも鮮鋭感が失われがちなので、それを丁寧に回復させるためにはいくつかの半径で量を変えながらアンシャープマスク処理をすればよいという理由からです。カメラやレンズの世界で使われているMTF（Modulated Transfer Function）の知識をお持ちの方であれば、容易に想像がつくと思います。

　ここでちょっと気を付けたいのが、アンシャープマスクによる過剰な処理です。解像感が増すイメージを求めてついつい過剰な処理をしてしまいがちなのですが、ギスギスした画像になったり、ノイズが目立つ画像になってしまいます。鮮鋭感がありながらも自然に見える画像を目指

すと良いでしょう。

● ［フィルター］［シャープ］［アンシャープマスク］を選択する

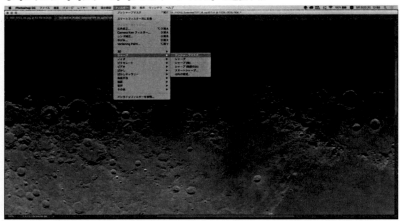

● 半径2pixelで量は50%にしてみた。全体的に鮮鋭感がやや増した

●続いて、半径1pixelで量は100%にしてみた。比較的細部の鮮鋭感が増した

●最後に、半径0.5pixelで量は200%にしてみた。最も細部の鮮鋭感が一気に増した

●半径1pixelで量は500%にしてみた。メリハリがついたような印象もあるが、ハイライト部が飛んで実際の月の印象とはずいぶん違うギラギラしたものになった。表現として意図的にやることを否定するものではないが、月の表情をできるだけリアルに再現するのが目的であれば、少々やりすぎかもしれない

●左上＝撮って出しのJPEG画像　適度なノイズリダクション。右上＝RAWから現像したTIFF画像。ノイズリダクションはかけていない。左下＝右上のTIFF画像を60枚スタックしたもの。ソフトな印象だがノイズは激減した。右下＝左下の画像をPhotoshop CCのアンシャープマスクにより鮮鋭化したもの。左上が撮って出しのJPEG画像、右下が筆者の処理により得られた画像。まったく別の光学系、カメラで撮影したような違いがある

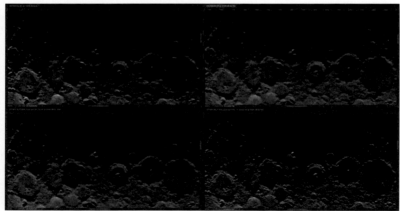

●左上＝撮って出しのJPEG画像。適度なノイズリダクション。右上＝RAWから現像したTIFF画像。ノイズリダクションはかけていない。左下＝右上のTIFF画像を60枚スタックしたもの。ソフトな印象だがノイズは激減した。右下＝左下の画像をPhotoshop CCのアンシャープマスクにより鮮鋭化したもの。撮って出しでは解像できていなかった山間部の微細な構造が明確になっただけでなく、ノイズや大気に揺らぎによって見えなかった小さいクレーターもはっきり見えるようになった

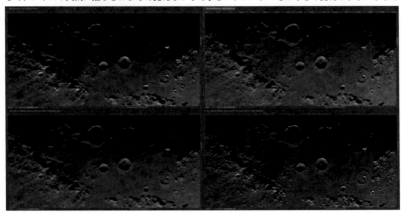

●100枚以上撮影した中から上位60枚をスタックし鮮鋭化が完了した画像。COOLPIX P1000の3000mm相当の画角とレンズ性能を最大限生かすことができた

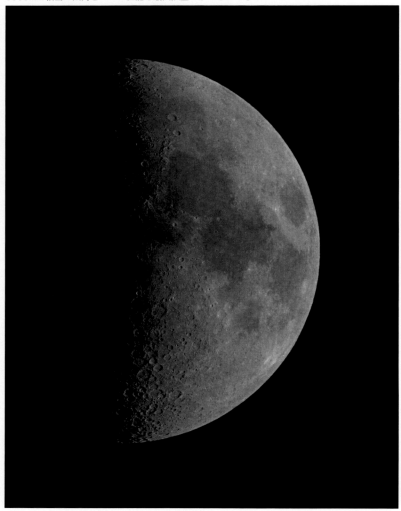

12-4　動画で撮影し画像処理して仕上げる　惑星

　手順Dは、見かけ上の大きさが月よりさらに小さい惑星に対して、できるだけ拡大率を上げて撮影したい、拡大するがゆえに大気の揺らぎの影響を大きく受けるために、できるだけ多くの枚数の画像を用いて平均化したい時に有効な手段です。10000mm相当を超える焦点距離領域まで拡大しなくて良くて、ノイズの心配が相対的に少ない月の撮影では、手順Dよりも手順Cの方が良い結果が得られますので、手順DはCOOLPIX P1000にとっては惑星のための手段と考えておくと良いでしょう。

・長所
　　・動画で毎秒30フレームにて短時間で大量フレームが撮影できる
　　・月よりも大きく拡大するため大気の揺らぎの影響を受けやすく、大量フレームによる平均化が効果的
・短所
　　・全体の処理時間を短縮するためには動画ファイルの段階で領域を限定して(=画素数を少なくして)おくと良いが、動画が処理できるソフトとスキルが必要

■撮影時の注意
　まず、できるだけ高精細な被写体情報を得るために動画設定の［画像サイズ／フレームレート］は2160/30pにします。シャッタースピードを少しでも遅くしたい時には2160/25pでも構いませんが、より効率よく多くのフレームを得るためには2160/30pが基本です。
　焦点距離は、ピントの確認がしやすいことを含め、電子ズームも用いて最大に拡大するのが良いでしょう。［マニュアル動画］の場合は電子ズームの最大値が3.6倍、焦点距離に換算すると10800mm相当ということになります。

露出に関しては露出オーバーにならない露出の設定がポイントなのですが、［マニュアル動画］を用いれば自分の責任で露出オーバーにもアンダーにも設定できます。絞りは開放、秒30フレームという動画設定の場合は、露出時間の長い方は1/30秒が限界ですので、コントロールできるのはISO感度だけです。ですので、露出が適切になるようなISO感度に設定します。（金星だけは明るいですから、ISO感度を最低のISO125にして、露出時間で適正露出にします）

　撮影時間はスタックするフレーム数から計算します。原理的にはフレーム数が多い方が良いのですが、現実的には1000フレームを一つの目安にすると良いでしょう。秒30フレームで記録されますので、1000/30、すなわち33.3秒撮影すれば1000フレームの画像が得られることになります。筆者は約1000枚をひとつの単位として、約1000枚=30秒、約2000枚=1分、約3000枚=1分30秒のいずれかで撮影するようにしています。

■複数枚処理　スタック

　スタック処理のためのソフトウェアは、ここでも手順Cと同様にAutostakkert!3を使用しました。ただし、COOLPIX P1000のMP4ファイルはそのまま読むことができませんので、FFmpegという動画ファイルを変換してくれるソフトウェアをAutostakkert!の実行ファイルと同じフォルダーに入れ、MP4ファイルを読めるようにして対応しました。

　また、撮影したままの2160/30p（4K UHD）の動画ファイルをスタック処理しても良いのですが、画面のほとんどが黒くて不要な領域ですので、私は被写体（ここでは惑星）の存在する領域を640×480程度切り出して画面サイズの小さい動画ファイルを用意した上でスタック処理をしています。

Autostakkert!とFFmpeg

　Autostakkert!では、さまざまなファイル形式の動画や静止画を処

理することができますが、COOLPIX P1000で記録されるMP4は、そのまま読み込むことができません。FFmpegというは動画と音声を記録・変換・再生するためのフリーソフトウェアをAutostakkert!の実行ファイルと同じフォルダーに入れておくことで、Autostakkert!が読み込むことができるAVI形式に変換してくれます。Windows上で動作するFFmpegを検索してダウンロードすると良いでしょう。

● [OPEN] をクリックし、ファイルの種類で [All supported Video Formats] を選択すると扱うことができるファイルが見えるので、処理したいファイルを選択する

第12章 さらなる高画質を目指して 199

●あらかじめ4K UHD（3840×2160）から被写体の領域を切り出しておいた木星の動画ファイルを開いたところ。10800mm相当の画角（マニュアル動画で実現できる最大の大きさ）で撮影し640×480ピクセルに切り出すとこの程度の大きさになる

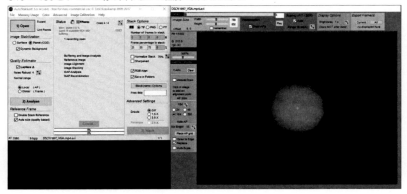

●［Image Stabilization］で［Planet］を選択した上で［Analyse］を終え、［Place AP grid］でアライメントポイントを設定したところ。上位25%、50%、75%をスタックするように設定し、これから［Stack］する。処理が終了すれば、ソースファイルのひとつ上の階層に25%、50%、75%というフォルダーが生成され、その中にスタックされたファイルが格納される

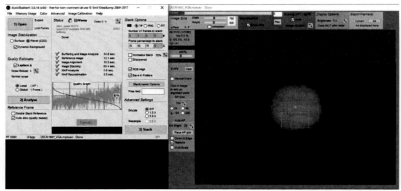

■複数枚処理　鮮鋭化

　手順Dの場合は、すでに電子ズームで拡大していることもあり、スタッ

クした画像から大きく鮮鋭感を高めることはできませんが、大幅にノイズが低減できた画像に対して適切な半径と量でアンシャープマスク処理をし、色やコントラストを調節することで見栄えを向上させることができます。ここでは、Photoshop CC を用いて画質を調節しました。

●スタックされた TIFF ファイルを開いたところ（土星の画像）

●［イメージ］［色調補正］［レベル補正］で全体のレベルと色を調節した

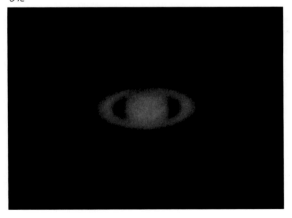

第12章　さらなる高画質を目指して | 201

●アンシャープマスクで半径4pixel、量200%をかけてみた

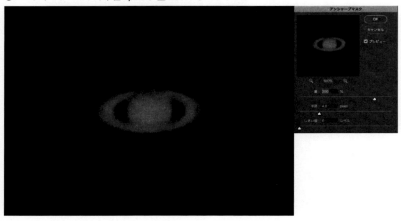

●アンシャープマスクで半径4pixel、量100%をかけてみた

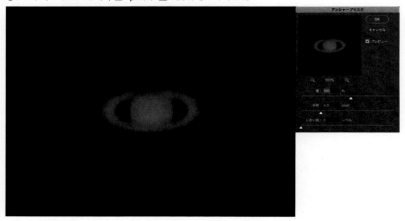

●アンシャープマスクで半径2pixel、量300%をかけてみた。このあたりが偽の模様を生まないで鮮鋭感を高めることができるバランスポイントと判断した

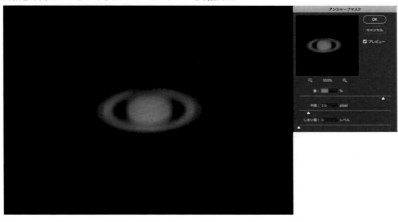

●土星における高画質化の事例

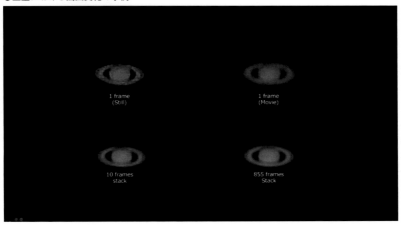

左上＝撮って出しの1枚画像。
左下＝撮って出し画像の中から良好な画像を10枚スタックし鮮鋭化したもの。
右上＝動画（2850フレーム）の中の1フレーム。
右下＝動画の中から良好な855フレームを選択、スタックしたものを鮮鋭化したもの。

撮って出しの1枚画像にも驚かされるが、画像処理によってここまでの高精細画像になるのにもびっくり。どこまで処理をするかは、目的とスキル次第だろう。

●金星、火星、木星、土星の高画質化の事例

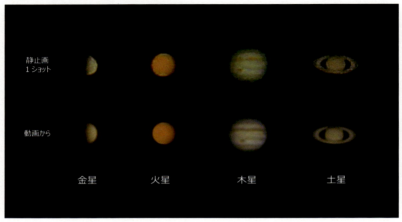

土星だけでなく、COOLPIX P1000で撮れる他の惑星についても動画からの処理をしてみた。火星は2018年の大接近時に撮影したものでふだんはこの大きさには撮れないが、望遠鏡を使わずにこれだけの画像が得られるのは痛快だ。ただし2018年の大接近時は、火星表面の嵐によってほとんど模様が見えなくなってしまったのが残念。木星は、ノイズが低減されたことで大赤斑や縞模様が明確になってきた。

12-5　COOLPIX P1000のポテンシャル

　撮って出しで大きい月の画像や惑星の画像が得られるだけでなく、RAWや動画ファイルの活用によってさらに高画質の画像に仕上げることができることが確認できました。これまで天体写真を楽しんでおられる方から見れば、想像を大きく超える結果だろうと思います。繰り返しになりますが、本書で紹介した内容は、筆者がトライして得られた結果の一部であり、さらに良い素材（大気の揺らぎの少ないチャンスに撮影できたもの）、さらに良い処理によって、もっと素晴らしい結果が得られる可能

性があります。今回紹介した画像は、COOLPIX P1000で撮影できる素材からは、「少なくともこれだけのポテンシャルは持っている」と言えるということです。

　ただし、良好な結果を得るのは簡単ではありません。3000mm相当の画角というと、ふだん一眼レフやミラーレスなどのシステムカメラを使いこなしている写真ファンにとっても経験したことがない領域であり、新しい課題がたくさんあります。特に撮影に関しては、大気の揺らぎというのは自分の努力ではどうしようもないものですし、風対策というのもふだんの焦点距離領域ではあまり気にしないものでしょう。また正確なピント合わせは、惑星がAFでピント合わせできないこともありMFをいかにうまく使いこなすかというような、写真の世界では根源的な課題です。

・大気の揺らぎ
　　晴れているだけではダメで揺らぎの小さい時を狙う
・風によるカメラのブレ
　　風にあおられればブレるので雲台強度や取り付け方の工夫
・正確なピント合わせ
　　カメラに触れると揺れるのでリモコンの活用など

　いうまでもなく、撮影後の画像処理においてはPCやソフトウェアの使いこなしがポイントになりますので、そういう機材の準備やスキルの獲得も重要です。

　そういう撮影の課題を克服し、目的に応じた画像処理ができるようになると、COOLPIX P1000を用いた天体撮影はさらに高い次元に到達することができそうです。

おわりに

　COOLPIX P900から進化したCOOLPIX P1000、大きさや質量もしっかり大きくなりましたが、RAWで記録できること、4K動画が撮れること、マニュアル動画が用意されたことなど、天体写真ファンなら［いろいろ遊んでみたくなる仕様］が満載で、期待通り、いえ期待以上の画像を得ることができました。レンズの口径がCOOLPIX P1000と同じ67mmの天体望遠鏡でどれだけ解像できるかはレイリーリミットが参考になりますが、本書でご紹介している月面や惑星の画像は、まさにそれに迫るものでした。
　同じ口径の天体望遠鏡と、大きいセンサーを採用した高価なカメラを用意すればもっと良く撮れるのではないかと考えてしまいがちですが、実はそう簡単な話ではないのです。天体写真の世界でも、月の拡大撮影や惑星の撮影では、小さいセンサーで動画撮影をし、スタック後に鮮鋭化するのが一般的になっていますが、COOLPIX P1000はそういう撮影できる最適なシステムと見ることができます。
　もちろん撮って出しでも良く写って楽しいのですが、画像処理するための環境やスキルがあれば、秘めているポテンシャルをさらに引き出せるということもあって、COOLPIX P1000は楽しい撮影機材であることをあらためて実感しました。
　最後になりましたが、ひとつお伝えしておきたい大きな魅力があります。それは［撮れる］［撮れない］という性能面の話ではなく、撮りたい被写体を見つけて撮影を開始できるまでの時間が圧倒的に短いということです。旅先で夕方、西の空に細い月を見つけ撮りたいと思った時に、COOLPIX P1000ならカメラを持ち出せばすぐに撮れます。時々刻々、空の明るさや色が変化していくという状況の中で、思い立って1分で撮影

できるということは、どれだけの撮影チャンスや瞬間を切り取るチャンスを生み出してくれることか……。特に明け方や夕方に細い月が見えた時や、急に天候が回復して惑星が出てきた時などは、望遠鏡を用意するのと違いカメラと三脚だけ用意すれば良いというのは大変ありがたいことと感じました。ちょっと大げさな言い方になるかもしれませんが、［天体撮影が日常生活の中に入ってきた］と言っても良いかもしれません。

　究極の天体写真を得るためには、大きな望遠鏡やしっかりした赤道儀が有効であることに変わりはありませんが、口径67mmの望遠鏡で月や惑星が撮影できるレベルの天体撮影が日常生活の中に入ってきたと考えれば、これは大変楽しいことなのではないでしょうか。COOLPIX P1000には、筆者も気が付いていない魅力がまだまだありそうです。本書は天体撮影の一部を紹介したにすぎませんが、少しでも写真ファンのみなさんのお役にたてれば幸いです。

2019年6月　山野泰照

◎著者紹介

山野 泰照 (やまの やすてる)

写真家、写真技術研究家。1954年、香川県生まれ。
1970年代から天文雑誌での作品発表や記事の執筆を行う。 2000年以降、デジタルフォト、デジタル天体写真に関する発表や記事を多数手掛け、著書として「デジカメではじめるデジタルフォトライフ」、「驚異! デジカメだけで月面や土星の輪が撮れる ニコン COOLPIX P900天体撮影テクニック」、「超簡単 フィルムのデジタイズ ニコンD850の活用法」などがある。2017年までカメラメーカーに勤務したのち独立。
一般社団法人日本写真学会会員(SPIJ)、公益財団法人冷泉家時雨亭文庫会員。

◎協力
株式会社ニコン
株式会社ニコンイメージングジャパン

◎本書スタッフ
アートディレクター/装丁：岡田 章志＋GY
編集：向井 領治
デジタル編集：栗原 翔

●本書の内容についてのお問い合わせ先
株式会社インプレスR&D　メール窓口
np-info@impress.co.jp
件名に「『本書名』問い合わせ係」と明記してお送りください。
電話やFAX、郵便でのご質問にはお答えできません。返信までには、しばらくお時間をいただく場合があります。なお、本書の範囲を超えるご質問にはお答えしかねますので、あらかじめご了承ください。
また、本書の内容についてはNextPublishingオフィシャルWebサイトにて情報を公開しております。
http://nextpublishing.jp/

●落丁・乱丁本はお手数ですが、インプレスカスタマーセンターまでお送りください。送料弊社負担 てお取り替えさせていただきます。但し、古書店で購入されたものについてはお取り替えできません。
■読者の窓口
インプレスカスタマーセンター
〒101-0051
東京都千代田区神田神保町一丁目105番地
TEL 03-6837-5016／FAX 03-6837-5023
info@impress.co.jp
■書店／販売店のご注文窓口
株式会社インプレス受注センター
TEL 048-449-8040／FAX 048-449-8041

驚異！デジカメだけで月のクレーターや木星の大赤斑が撮れる ニコンCOOLPIX P1000天体撮影テクニック

2019年6月28日　初版発行Ver.1.0（PDF版）

著　者　山野 泰照
編集人　桜井 徹
発行人　井芹 昌信
発　行　株式会社インプレスR&D
　　　　〒101-0051
　　　　東京都千代田区神田神保町一丁目105番地
　　　　https://nextpublishing.jp/
発　売　株式会社インプレス
　　　　〒101-0051　東京都千代田区神田神保町一丁目105番地

●本書は著作権法上の保護を受けています。本書の一部あるいは全部について株式会社インプレスR&Dから文書による許諾を得ずに、いかなる方法においても無断で複写、複製することは禁じられています。

©2019 Yasuteru Yamano. All rights reserved.

印刷・製本　京葉流通倉庫株式会社
Printed in Japan

ISBN978-4-8443-7810-5

NextPublishing®

●本書はNextPublishingメソッドによって発行されています。
NextPublishingメソッドは株式会社インプレスR&Dが開発した、電子書籍と印刷書籍を同時発行できるデジタルファースト型の新出版方式です。https://nextpublishing.jp/